高等职业教育建筑室内设计专业系列教材

住宅室内设计

主　编 ◎ 高　晗　雷　鸣

副主编 ◎ 　丁晓旭　李辰光　孙　韬
　　　　　蒋　玥　姜　丽

中国轻工业出版社

图书在版编目（CIP）数据

住宅室内设计／高晗，雷鸣主编. --北京：中国
轻工业出版社，2025. 2. --ISBN 978-7-5184-5179-1

Ⅰ．TU241

中国国家版本馆 CIP 数据核字第 2024UW3072 号

责任编辑：赵雅慧

策划编辑：陈　萍　赵雅慧　　责任终审：李建华　　　　　整体设计：锋尚设计
排版制作：致诚图文　　责任校对：刘小透　晋　洁　　责任监印：张　可

出版发行：中国轻工业出版社（北京鲁谷东街 5 号，邮编：100040）

印　　刷：三河市万龙印装有限公司

经　　销：各地新华书店

版　　次：2025 年 2 月第 1 版第 1 次印刷

开　　本：787×1092　1/16　印张：16.75

字　　数：400 千字

书　　号：ISBN 978-7-5184-5179-1　定价：68.00 元

邮购电话：010-85119873

发行电话：010-85119832　010-85119912

网　　址：http：//www.chlip.com.cn

Email：club@ chlip.com.cn

版权所有　侵权必究

如发现图书残缺请与我社邮购联系调换

232279J2X101ZBW

编者名单

主　编　高　晗（黑龙江农垦职业学院）

　　　　雷　鸣（黑龙江农垦职业学院）

副主编　丁晓旭（黑龙江农垦职业学院）

　　　　李辰光（黑龙江农垦职业学院）

　　　　孙　韬（黑龙江农垦职业学院）

　　　　蒋　玥（黑龙江农垦职业学院）

　　　　姜　丽（黑龙江职业学院）

参　编　吴安生（黑龙江农垦职业学院）

　　　　刘　洋（黑龙江农垦职业学院）

　　　　马　哲（黑龙江省建筑设计研究院）

　　　　张　博（哈尔滨工业大学城市规划设计研究院有限公司）

　　　　王　杨（哈尔滨大树装饰工程设计有限公司）

　　　　姜超群（黑龙江天午盛装饰工程有限责任公司）

　　　　陈习阳（上海夏璞景观设计有限公司）

本教材以"立德树人、德技兼修"为目标，以"不断实现人民对美好生活的向往"为导向，基于"大德育观"育人理念，将爱党爱国、遵规守法、文化传承、工匠精神、以人为本、诚信服务、生态环保、思辨审美等思政元素有机融入教材中，推进实现"德智体美劳"五育并举，培养新时代高素质技术技能人才。在编写过程中，编写团队深刻领会党的二十大精神，落实党的二十大精神进教材的要求，确保教材内容与二十大精神紧密契合。

"住宅室内设计"是建筑室内设计、环境艺术设计、建筑装饰工程技术等专业的核心课程，是培养室内设计应用型职业技能人才的专业必修课。本教材是"住宅室内设计"省级精品在线课程配套教材，由校企合作共同开发，以国家职业标准为准绳，对标行业与岗位，将新技术、新材料、新工艺、新理念纳入教材，对接职业技能大赛与"1+X"证书，以企业真实案例为载体，基于岗位工作流程，遵循学生认知规律，由单项到综合，循序渐进地构建了三个模块，共七个项目，二十二个任务。

本教材注重校企合作建资源，成果导向定目标。在编写过程中，得到了黑龙江省建筑设计研究院、哈尔滨工业大学城市规划设计研究院有限公司、哈尔滨大树装饰工程设计有限公司、黑龙江天午盛装饰工程有限责任公司、上海夏璞景观设计有限公司等企业鼎力相助，从而实现了素质、知识、能力与项目实践相融合，体现了高等职业教育教材的普适性和特色性。

本教材由黑龙江农垦职业学院高晗、雷鸣担任主编；黑龙江农垦职业学院丁晓旭、李辰光、孙韬、蒋玥，黑龙江职业学院姜丽担任副主编；黑龙江农垦职业学院吴安生、刘洋，黑龙江省建筑设计研究院马哲、哈尔滨工业大学城市规划设计研究院有限公司张博、哈尔滨大树装饰工程设计有限公司王杨、黑龙江天午盛装饰工程有限责任公司姜超群、上海夏璞景观设计有限公司陈习阳参编。编写人员分工如下：高晗编写模块一项目二中的任务一和任务二、模块二项目二中的任务四及模块三项目一，雷鸣编写模块一项目二中的任务三和任务四、模块二项目一中的任务五及模块三项目三，丁晓旭编写模块一项目一及模块三项目二，李辰光编写模块二项目一中的任务四和任务六，孙韬编写模块二项目一中的任务一至任务三，蒋玥编写模块二项目二中的任务一和任务二，姜丽编写模块二项目二中的任务三。

本教材的编写参考了相关网站、同类教材及相关资料，在此一并表示衷心的谢意。

由于本教材所涵盖的范围较广，疏漏之处在所难免，敬请相关专家、读者批评指正。

编者
2024 年 5 月

目 录

模块一

住宅室内设计综述

项目一 认识住宅室内设计

项目介绍 随着人们生活水平的提高，住宅室内设计日益受到重视。除了满足人们的物质需求外，更要考虑人们的精神需求，使住宅室内设计与传统文化、地域特色、风俗习惯相融合，从而展现出充满人性化和个性化的住宅室内设计。

通过本项目的学习，引导学生树立正确的艺术观，自觉传承和弘扬中华优秀传统文化，积极弘扬中华美育精神；使学生了解住宅室内居住空间的历史演化和流派，理解并熟悉住宅室内设计的概念及发展趋势，掌握住宅室内设计的特点、原则以及设计风格的应用；培养学生探究学习、分析及解决问题的能力，以及良好的语言、文字表达能力和沟通能力。

任务一 住宅室内设计概述

● 学习目标

1. 素质目标：培养认识美、发现美的意识，弘扬中华优秀传统文化；提高审美和人文素养。

2. 知识目标：了解住宅室内居住空间的历史演化；理解并熟悉居住空间的概念及发展趋势；掌握住宅室内设计的特点和原则。

3. 能力目标：具有探究学习、终身学习的能力；具有分析及解决问题的能力；具有良好的语言、文字表达能力。

● 教学重点

住宅室内设计的原则。

● 教学难点

住宅室内设计的特点。

● 任务导入

结合已掌握的知识和常识，说一说自己对住宅室内设计的看法。

一、居住空间的概念

居住空间的概念

住宅指供家庭居住使用的建筑。对于居住者而言，"家"是长期居住的地方，所以住宅也称为居住空间。居住空间是起居室、卧室等的统称，如图1-1-1所示。

随着社会发展，居住空间不再只是一个栖息之所，还需要满足人们生理、安全、社交、感受等生活需求。由于个人喜好和需求不同，对居住空间的功能、大小、风格等要求也会有所不同。因此，设计师需要根据建筑物的使用性质、所处环境和相关规范等，运用建筑设计原理，创造功能合理、满足人们物质生活和精神生活所需要的室内环境。简单来说，就是对房屋空间进行设计改造，通过合理的布局使房屋功能齐全且舒适美观。

(a) 起居室效果图

(b) 卧室效果图

图 1-1-1　居住空间效果图

二、我国居住空间的历史演化

德国现代建筑师瓦尔特·格罗皮乌斯曾说过："建筑没有终极，只有不断变革。"随着社会的发展与科技的进步，人们对居住空间的功能性需求也在不断提升。

1. 原始社会时期

早在人类文明伊始，我们的祖先为了躲避严寒酷暑和猛兽侵袭，已经开始利用天然洞穴作为住所。如北京猿人居住在周口店的一个山洞里，蓝田猿人居住在陕西省蓝田县公王岭山洞中，这些洞穴就是原始人最早的居所。进入新石器时代后，原始人开始模拟动物挖掘洞穴，在土坡、断崖上开挖洞穴居住，穴居建筑由此产生，随后发展出半穴居、地面建筑，如图 1-1-2 所示。这些居住空间内没有任何设施，仅在室外发现了少量由临时用火形成的灶坑，显然与居住空间没有直接联系，这表明居住空间仅具有休憩的功能。这些最原始居住空间的诞生，也伴随着历史上第一批建筑师、室内设计师的出现，他们将建筑、软装、绘画完美结合，将各种图形绘制到洞穴岩壁上，用于记录和装饰。

横穴　　　袋形竖穴　　　半穴居
（一半地上一半地下）

图 1-1-2　原始人居住空间形式

在新石器时代，随着仰韶文化的产生，居住空间逐渐产生了生活区域和休憩区域的划分。早期的房屋基址多呈"凸"字形，如图 1-1-3 所示，表明"门厅过道"已经产生。此时半地穴房屋面积较大，可以为祖先的生产与生活提供空间。灶坑最初位于房屋前部或靠前位置，在方便排烟的同时，也利于直接加热门口吹入的冷风。由此可见，此时的灶坑主要是为屋内供热，而炊煮功能次之。

平台
灶坑
门坎　半地穴房屋
门道

图 1-1-3　"凸"字形房屋基址

在仰韶文化中期，随着建筑技术的提高，房屋面积有所扩大，简单、临时性的灶坑演变为固定的火塘，火塘逐渐移动到房屋中间位置。由于人们经常在火塘周边活动，所以休憩区域逐步转移到房屋后部或一角。为方便休憩，一般使用夯砸、炙烤等方式使地面硬化，或铺置茅草隔垫，有的还设置了土床。由此，住宅"前堂后寝"的格局便出现了，如图 1-1-4 所示。这种生产生活区域位于房屋前部、休憩区域位于房屋后部的建筑格局形成后，无论是宫殿建筑的"前朝后寝"，还是民居建筑的"前堂后室"，均遵循了该准则。房屋后部最终成为主人所住的"上位"，体现了中国民俗传统中礼让为先、内敛含蓄的精神。

图 1-1-4　"前堂后寝"格局

到了新石器时代晚期，农业生产发展迅速，贫富差距逐渐拉大。为适应父系氏族社会的生活，套间、联排房等住宅形式应运而生。套间大体分为两室和三室两种布局，如马家窑文化马厂类型和龙山文化中发现的套间房屋遗址，各室内部之间有门相通，通常一栋建筑只有一扇门通往室外，是一夫一妻单偶婚的居住方式；联排房则由多个大小形状基本一致的房屋组成，或者由一个长方形房屋分隔而成，每间房屋均向外开门且门的开启方向一致，是父系氏族或宗族的居住方式。

新石器时代房屋的多功能化对后世影响深远。其中，门厅过道的形成不仅能够遮风挡雨，还能够保护隐私，更在无形中衍生出了中华传统礼仪文化，客人在门厅过道中更衣脱帽以示对主人的尊敬，臣子在进入宫殿门道前提前整理衣冠以示对君王的尊敬。同时，套间和联排房发展成凝聚全族精神的建筑物，增强了中华民族的凝聚力。至今在一些乡村中仍盛行共住一屋的风俗习惯。如图1-1-5所示的客家土楼建筑，便是客家人团结友爱、聚族而居的象征。

图1-1-5　客家土楼建筑

2. 封建社会时期

居住空间设计的中期阶段是在奴隶制社会后期到工业革命前期（中国的封建社会时期），这一阶段的社会生产力得到了飞跃性的提升，不同时期有着不同的居住空间设计风格。

在封建社会前期，人们开始追求居住上的改变，开始出现原木搭建的建筑。春秋战国时期，砖瓦及木结构装修有了新的发展，出现了专门用于铺地的花纹砖，如图1-1-6所示。春秋时期，思想家老子在《道德经》中提出"凿户牖以为室，当其无，有室之用。故有之以为利，无之以为用"的哲学思想，揭示了住宅室内设计中"有"与"无"之间互相依存、不可分割的关系。秦汉时期，中国封建社会的发展达到了第一次高峰，建筑规模体现出宏大的气势。壁画在此时已成为室内装修的一部分，丝织品则以帷幔、帘幕的形式参与空间的分隔与遮蔽，增加了居住空间

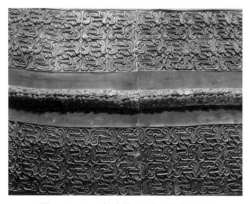

图1-1-6　春秋战国时期的花纹砖

整体环境的装饰性。此外，家具种类日益丰富，涵盖了床榻、几案、箱柜、屏风等类别。

在封建社会中期，中式风格开始发展，以宫廷建筑为主的设计风格融合了庄重和幽雅的双重韵味。隋唐时期作为我国封建史上的第二个高峰，其室内空间设计开始进入以家具为设计中心的陈设装饰阶段，家具形式普遍顺应垂足而坐的习惯，室内家具的设计极为多

样化。以图 1-1-7 所示的《会昌九老图卷》室内布局为例，这一时期的建筑结构和装饰完美结合，风格沉稳大方、色彩丰富、装修精美，体现出一种厚实的艺术风格。

图 1-1-7 《会昌九老图卷》室内布局

在封建社会后期，人们对于居住空间的艺术造诣达到了新的高度。明清时期，封建社

图 1-1-8 明清时期江南名门望族翁氏故居

会进入最后的辉煌，建筑和室内设计发展达到了新的高峰。以图 1-1-8 所示的明清时期江南名门望族翁氏故居为例，这一时期的居住空间具有明确的指向性，根据使用对象的不同而具有一定的等级差别，室内陈设更加丰富且极具艺术性，室内隔断形式在空间划分上起到重要的作用。这一时期的家具制作工艺也有了很大的发展，成为住宅室内设计的重要组成部分。

3. 现代社会时期

工业革命开拓了现代住宅室内设计的新格局。自工业革命以来，各种人工合成材料的出现，给设计师们带来了更多的选择。这些新材料和新技术的结合，极大地丰富了居住空间设计的内容。现代社会时期的居住空间追求实用性，注重科学性和技术性，追求居住空间的舒适度，充分利用工业产品，追求个性化、独创性和综合性的艺术风格。

自中华人民共和国成立以来，我国住宅室内设计的发展大致分为以下几个阶段：

（1）20 世纪 50 年代至 70 年代

这一阶段多为政府及企业的商业室内外装修。我国整体国民水平尚不富裕，基本上都是多户共用厕所、厨房，其余的生活起居全在一室之内，没有卧室、起居室等概念。如图 1-1-9 所示，以 20 世纪 60 年代为例，这一时期的白墙、砖地或水泥地，一床一桌，两把椅子，再加一两只放衣服的木箱，构成了家家户户近乎统一的家居配置。这种状况一直持续到 70 年代末。

图 1-1-9　60 年代住宅室内空间

（2）20 世纪 70 年代末至 80 年代

20 世纪 70 年代末，我国开始实施改革开放，国家经济持续高速发展。国内开始出现新建的居民小区，住宅面积显著增大，出现了厨房、起居室、餐厅等居住空间。尽管如此，70 年代末至 80 年代的住宅还是保持简单实用的装修风格，没有过多的摆设、海报等装饰。经济条件较好的家庭，则会使用布艺装饰，或者利用质感较好的地板和家具，如图 1-1-10

图 1-1-10　80 年代住宅室内空间

所示。80 年代，在厨卫方面，脸盆、浴缸、马桶、煤气灶等融入了国人的日常生活；厕所开始向"卫生间"的概念转变，功能逐渐丰富；厨房中出现了煤气灶，人们开始使用液化气。到了 80 年代末，组合家具悄然兴起，具有象征性的组合沙发、组合柜开始畅销。

（3）20 世纪 90 年代至 21 世纪初期

这一阶段的居住条件大大改善，居住空间得到了细分，开始注重卧室、起居室、玄

图 1-1-11　90 年代住宅室内空间

关、书房、餐厅等空间的划分。国内家具企业也跟上了时代潮流，开始借鉴国外的设计理念，促使家具产品在设计与质量上实现了质的飞跃，出现了沙发、席梦思等极具代表性的家具。同时，电视、空调、冰箱、洗衣机等昔日奢侈品也都进入了寻常百姓家里，提高了人们的生活品质。图 1-1-11 所示为 90 年代住宅室内空间。

（4）21世纪至今

跨入新世纪，城市的小高层、复式住宅、别墅等进入人们的视野，为居民提供了更加

多元化的居住空间选择。随着居住条件的升级，人们对装修的认识和接受能力显著提升，欧式、中式、东南亚、日式等装修风格开始走进千家万户，如图1-1-12所示。同时，全屋定制、精装、整装等装修方式相继出现。人们在追求家居环境的同时，日益重视家居配套设施的生态性和科技性，推动传统家电向智能化、多元化转型。随着互联网与科学技术的不断发展，智能家居也应运而生。

图1-1-12　现代住宅室内空间设计

室内设计
发展趋势

三、住宅室内设计的发展趋势

当前，我国住宅室内设计的趋势是以"空间"为核心、以"人"为本，为居住者提供符合要求的空间设计效果。现代住宅室内设计的发展趋势可以从以下几方面概括。

1. 功能化

随着生活水平的提高，人们对于社区空间精神和情感的需求日益显著，逐渐占据主导地位。设计师为了顺应这一趋势，积极打造开放式设计的社区空间，为其嵌入更多元的配套功能，引入艺术、文化等创意元素，释放空间魅力并激发社区活力，提升业主归属感。

2. 定制化

随着人们对于个性化的追求，越来越多的人希望拥有独特的居住空间，以展现自己的个性和品位。为此，设计师会根据居住者的需求和喜好，打造出独一无二的居住空间。例如，可以根据居住者的爱好设计特定的功能区域，如阅读角、音乐区等。此外，个性化定制还可以体现在材料和装饰上，如特殊材质的墙壁、独特的家具等，以营造出独特的居住氛围，如图1-1-13所示。

图1-1-13　个性化定制家居

3. 人性化

居住空间的舒适度和人性化设计也是住宅室内设计发展的重要趋势，如图 1-1-14 和图 1-1-15 所示。人们对于居住环境的要求不再局限于简单的功能性，而是更加注重居住的舒适度和体验感。设计师在居住空间设计时，会更加注重人们的感受和需求，以提供更加舒适和人性化的居住环境。合理的布局设计、舒适的家具选择、优质的空气净化系统等，都会成为居住空间设计中重要的考虑因素。人性化的布局设计可以根据家庭成员的日常活动和需求对空间进行规划。例如，在厨房中设置工作三角区，使得食物准备和清理工作更加方便；在卧室中设置私密的休息角落，以提供舒适的休息空间。这些布局设计可以使人们更轻松地使用空间，进而提高居住质量。

图 1-1-14　适老化住宅设计

图 1-1-15　儿童房设计

4. 智能化

随着科技的不断进步，智能化已经成为居住空间设计的重要方向之一。居住空间越来越依赖于智能设备，智能家居系统、智能家电等设备的普及，使得居住空间的设计变得更加智能化和便利化。例如，通过智能家居系统（图 1-1-16），可以实现对家居设备的远程控制，如远程开启空调、关闭电视等。此外，智能化的居住空间设计（智能照明系统、智能窗帘等）还可以提供更加智能、便捷的居住体验。

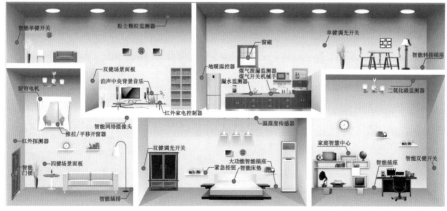

图 1-1-16　智能家居系统

5. 科学化

环保和可持续发展是当前住宅室内设计科学化的重要体现。绿色环保是当今社会的一个重要关键词，也是住宅室内设计不可忽视的发展趋势。随着环保意识的增强，越来越多的人开始注重居住环境的环保性。在住宅室内设计中，越来越多的设计师开始采用环保材料，如可再生材料、低碳材料等，以降低对环境的影响。同时，设计师还会充分考虑居住空间的通风、采光等因素，以减少对能源的依赖，提高居住环境的舒适度。自然元素的运用可以为室内空间带来舒适感。例如，使用天然木材、石材等材料制作家具和装饰品，利用植物进行绿化装饰，以及引入自然光线和风景等，这些元素能够营造自然的氛围，使人感到放松，与大自然更亲近。

住宅室内设计呈现出功能化、定制化、人性化、智能化、科学化等发展趋势，反映了人们对于高品质生活的追求，以及对自然、舒适、实用等元素平衡与融合的追求。

四、住宅室内设计的特点

住宅室内设计是室内设计的一个分支，与商业空间和办公空间不同，住宅室内设计主要围绕人们的私人居住空间展开。因此，住宅室内设计除具有室内设计的一般规律性外，还具有自身的一些特点。

1. 功能空间合理化

相对于公共空间，住宅空间面积小但功能多。为了让人们的日常生活更加高效便利，合理规划整体空间是极为重要的。应根据不同居住者的需求和喜好，对空间进行合理布局，使利用率最大化。无论住宅面积多大，其基本的功能空间都离不开起居室、餐厅、卧室、卫生间、厨房、储藏室等。根据不同住户的活动习惯，权衡各功能区域的重要程度及相互关系，对功能区域进行主次、公私、食宿、动静、洁污等方面的再划分与组合，打造一个合理的居室空间次序，满足人们的日常生活需求。

2. 空间尺度舒适化

舒适度是住宅室内设计环节的核心要素之一。设计的核心是为人服务，因此设计师要关注各类人群的舒适感和生活习惯。居住空间使用者年龄、性别、身材不尽相同，一些家庭中还会有老年人、儿童、残疾人等，需要在设计中满足不同人群的特点和需求。设计时，可以将标准尺度作为基础数据，对于特殊情况进行适当调节，从而增加居住空间环境的舒适度。

3. 艺术风格多元化

在艺术风格上，每个家庭可根据住宅空间情况和个人审美倾向进行选择，使家居环境独具个性。就居住空间的整体环境而言，一般同一居室中各空间风格要相对统一。但在一些私人空间中，可以根据不同家庭成员的特殊喜好和活动内容，对空间风格进行适当调整，以满足多元化的需求。为了了解客户偏好的风格样式，可以从其年龄、爱好、文化、地域等方面进行沟通观察。

4. 未来使用持续性

在居室设计方案中，空间设计务必要留出余地。这并不意味着单纯留出一块空余面积，而应强调可移动性、可拆卸性、可更替性等。住户的喜好、习惯等会随时间发生变化，其家庭成员结构也会改变。灵活多变的空间，既给客户提供了自由变化的发展可能，也促使居室与使用者共同成长。此外，生态材料与绿色照明等要素的使用，能给住户带来更健康的家居环境。

五、住宅室内设计的原则

1. 功能性原则

住宅室内设计首先要满足基本的生活需求，并应合理分配空间功能。应考虑居住者的需求和习惯，打造一个既舒适又实用的居住空间。

2. 经济性原则

在住宅室内设计时，应尽可能用最小的损耗来保证设计的生产性和有效性。精心选择设计风格、装饰材料、家具等，确保符合居住者的预算。

3. 动静分区原则

在住宅室内设计时，应将室内静区与动区做区分。动区主要指一家人共同活动的空间，例如起居室、餐厅、厨房等区域。静区主要指要求安静的空间，例如卧室、书房等区域。由于功能属性不同，二者对空间的要求也不同，布局时应适当分开，避免动区与静区互相干扰。

4. 明暗分区原则

不同空间的使用功能不同，对光线、照明的要求也有所差别。利用灯光的明暗、颜色等划分不同的功能区，以做到明暗有别。

5. 虚实分区原则

在家居空间布局中，要通过虚实、隐显的设计技巧，让不同空间产生关联，形成一个有机整体。

6. 私密与公共空间分区原则

公共空间是可以供家人日常活动的地方，而私密空间则可以设置成工作间、书房或卧室等安静的区域，二者应进行合理分区。

住宅室内设计不仅要满足基本的功能需求，还要关注人的舒适感和生活习惯，注重美观性和可持续性，让人们在其中感受到舒适和愉悦。

任务实训

实训内容：

以"我对当前住宅室内设计的看法"为题，制作 PPT 并进行讲解。

实训要求：

① 用几个关键词概括你对当前住宅室内设计的看法，并结合图片和文字展开说明。要求图片清晰，图文并茂，内容原创，体现自己的见解与看法。

我对当前住宅室内设计的看法任务实训

② 分析内容可以从住宅室内设计的现状、主流、发展趋势，住宅室内设计中涉及的材料、色彩、照明、家具、设计风格，住宅室内设计目前的优势和缺陷等方面展开，具体要求如表 1-1-1 所示。

表 1-1-1　　　　　　　　　　实训分析内容及要求

序号	主要内容	相关要求
1	现状分析	现状分析可以从多个维度进行，如对住宅室内设计环保、科技、人性化和个性化等方面的现状进行分析
2	发展趋势	绿色环保与可持续性、科技智能与智能化家居、个性化与定制化、艺术化与审美提升等
3	设计风格	对住宅室内设计的各类风格进行设计资料的收集和整理
4	其他内容	对材料、色彩、照明、家具等方面进行分析

③ 制作 PPT，并进行汇报展示，具体要求如表 1-1-2 所示。

表 1-1-2　　　　　　　　　　实训 PPT 及汇报要求

序号	主要内容	相关要求
1	文本制作	确定内容和结构，内容简明扼要，控制在 10～20 页。作品应具有较高的原创性，版面设计应新颖，布局合理，结构清晰
2	案例图片	图片及素材清晰，大小恰当，与主题内容相关，能够体现个人的独特思考和创新精神

续表

序号	主要内容	相关要求
3	创新性、美观性	使用合适的字体和字号,避免过多的文字和图表堆砌,保持页面的简洁和清晰。每一页 PPT 应有 1~2 个重点;整体布局风格、模板设计、版式安排、色彩搭配等应具有想象力和表现力
4	文本讲解	汇报逻辑清晰,表达流畅,简明扼要

任务评价

实训评价标准如表 1-1-3 所示。

表 1-1-3　　　　　　　　　　　　　实训评价标准

序号	评价项目	评价内容		分值	评价标准
1	学习态度	课前学习	能够自主完成课前学习任务,养成自主探索、持续提升的学习习惯	10 分	通过网络教学平台系统进行课前学习成果、预习情况监测,平台综合打分
2	课堂表现	学习效果	在课堂上积极回答问题;执行 6S[整理(Seiri)、整顿(Seiton)、清扫(Seiso)、清洁(Seiketsu)、素养(Shitsuke)、安全(Security)] 管理,携带教材和任务书,认真听讲,参与讨论;课上完成学习笔记后及时上交	20 分	各项内容每出现一处不完整、不准确、不得当处,扣 1 分,扣完为止
		课堂活动	积极参与问卷、抢答、选人、讨论、测验、小组任务等课程活动	10 分	
3	任务实训	实训成果	在实训过程中遇到问题时,能够独立思考并有效解决	10 分	各项内容每出现一处不完整、不准确、不得当处,扣 0.5 分,扣完为止
		团队协作	能够与团队成员有效协作,共同完成任务	20 分	
		内容分析	内容真实、完整、清晰,能够体现实训过程和成果;具有创新性的成果或亮点,能够有效地展示实训成果	10 分	
		文本制作	实训任务完成的准确性、完整性以及预期目标的符合性;制作 PPT,对实训成果进行汇报展示	20 分	各项内容每出现一处不完整、不准确、不得当处,扣 1 分,扣完为止
		总计		100 分	

① 收集相关住宅室内设计案例。

② 探究当下住宅室内设计流行的风格。

③ 探究住宅室内设计的风格及特点。

任务二 住宅室内设计风格

• **学习目标**

1. 素质目标：立足时代、深入生活，树立正确的艺术观；激发创新思维，培养职业责任感。

2. 知识目标：了解住宅室内设计风格的发展；熟悉现阶段流行的设计风格特点；掌握设计风格的应用方法。

3. 能力目标：能熟练地进行设计资料的收集和整理；具有分析问题和解决问题的能力；能根据设计要求进行实践应用。

• **教学重点**

新中式风格、现代简约风格的特点。

• **教学难点**

根据客户需求、户型特点、工程预算合理运用设计风格。

• **任务导入**

分析住宅室内设计风格类型、特点及应用。

一、住宅室内设计风格

1. 传统中式风格

图 1-1-17 传统中式风格室内设计

传统中式风格一般指明清以来逐步形成的中国传统风格。这种风格最能体现中华民族的家居风范与传统文化的审美意蕴，典雅带有书卷气，如图 1-1-17 所示。

传统中式风格以深色为主，如红色、黑色、黄色、绿色等。它强调对称美，无论是空间布局还是家具陈设，都注重两两对称、四平八稳的原则。这种对称

美不仅在视觉上给人以和谐感，营造出
庄重和高雅的格调，也体现了中国传统
观念中追求平衡和协调的审美倾向。

雕刻也是传统中式风格的重要组成
部分，在古典建筑和家居中，常见各种
雕刻精美的桌椅、书柜、屏风等，彩绘
则使这些物品的颜色和质感更加丰富。
传统中式风格也经常使用一些传统中式
元素作为装饰，如字画、古玩、窗棂、
博古架、屏风等，如图 1-1-18 所示。
这些元素不仅具有装饰性，也体现了中
华传统文化的内涵。

图 1-1-18　传统中式元素

2. 新中式风格

新中式风格

新中式风格是近年来逐渐受到人们喜爱的风格之一，它融合了中式
元素和现代材质，呈现出一种既古典又现代的风格。其布局既强调对称
性，同时追求自由和灵活性，如图 1-1-19 所示。

图 1-1-19　新中式风格室内设计

在传统中式风格的基础上，新中式风格增加了一些中性的色彩，如灰色、米色、白色
等。同时，它还注重色彩搭配和层次感。此外，新中式风格注重材料的选择和搭配，常采
用现代材质和传统材料相结合的方式。例如，使用玻璃、不锈钢等现代材质与传统的木
材、石材等材料相结合，营造出一种既有中式韵味又有现代感的装修效果。

新中式风格的家具和装饰设计以现代元素为主，同时融入了传统元素。在新中式风格
的起居室中，常使用沙发、茶几等现代家具，但这些家具的设计往往采用仿古的造型或纹
理，给人以古朴典雅的感觉。新中式风格不仅注重传统元素的运用，还强调空间的开放性
和通透性，实现传统与现代的完美结合，如图 1-1-20 所示。这种设计不仅增加了住宅的
观赏性，也体现了中华传统文化的内涵。

图 1-1-20　新中式风格家具陈设

图 1-1-21　简欧风格室内设计

3. 简欧风格

简欧风格是一种以简约为主导的装修风格，它融合了古典欧式风格和现代简约风格的特点。简欧风格在装修中强调简单、精致和舒适，如图 1-1-21 所示。

简欧风格的色彩以浅色为主，如米白色、浅灰色、淡黄色等，这些颜色能够创造出清新、明亮的室内氛围。在简欧风格住宅室内设计中，大量使用天然材质，如木材、石材等。这种风格的家具和装饰设计简洁、实用、舒适，既保留了古典欧式风格的特点，又融入了现代简约元素。

简欧风格的布局强调开放性和通透性，注重空间的流动感和层次感。在起居室和餐厅的布局中，可以采取开放式设计，使这两个空间相互贯通，营造出一种宽敞、舒适的室内氛围。在元素选择上，简欧风格重视家具、墙纸、灯具和地毯等元素的组合，其地面软装可以选择地毯，因为地毯的舒适脚感和典雅质地能够与西式家具的搭配相得益彰。

简欧风格通过完美的曲线和精益求精的细节处理，营造出一种温馨、高雅的室内氛围。

4. 法式风格

法式风格是法国的建筑和室内风格的总称，它强调线条的柔和与韵味。法式风格可分为法式巴洛克风格、洛可可风格、新古典风格和帝政风格等。法式风格注重细节处理，强调装饰元素的精致和典雅，常选用天然材质，如木材、绒质材

图 1-1-22　法式风格室内设计

料等，营造出放松、舒适的感觉。此外，法式风格经常运用图案装饰、雕塑、挂饰等装饰品，以使空间更具艺术气息，如图 1-1-22 所示。

法式风格在设计上讲求心灵的自然归属感。开放式的空间结构、随处可见的花卉和绿色植物、雕刻精细的家具等，从整体上营造出一种田园气息，如图 1-1-23 所示。无论是床头一盏带有花朵图案的台灯，还是窗前一把微微晃动的摇椅，在任何一个角落，都能体会到主人悠然自得的生活态度和阳光般明媚的心情。

此外，法式风格强调空间的流动性和通透性，在色彩上讲究柔和与自然。在市场上，法式风格的别墅建筑较为流行，它注重建筑的比例和线条美，同时注重室内外的沟通和协调，强调室内装饰的精致和典雅。

图 1-1-23 法式风格中元素的运用

图 1-1-24 美式风格室内设计

5. 美式风格

美式风格是一种以美国传统为基础的家居设计风格，如图 1-1-24 所示。美式风格以宽大、舒适、杂糅而著称。

美式风格常选用木材、石材、棉麻等天然材质，以增加空间的自然感。家具以舒适、实用为主，通常采用木质或金属等材料制作。家具的线条简洁明快，符合人体工程学设计。坐垫和枕头等软装物品则多采用棉麻材质，使空间更显自然与舒适。在装饰风格上，注重简洁与明快，墙面、地面和天花通常不做过多的装饰。在装饰品方面，通常选用具有美国文化特色的物品。

6. 地中海风格

地中海风格的色彩主要是白色、蓝色、土黄色和红褐色等。在色彩选择上，地中海风格主要受地中海沿岸的色彩特点启发，给人一种明朗、清新的感觉。这种风格在装修中强调自由奔放，其色彩多样、明亮，如图 1-1-25 所示。

在造型方面，地中海风格强调流畅的

图 1-1-25 地中海风格室内设计

线条和弧形的元素设计，如图 1-1-26 所示。其墙壁经常处理成类似自然呈现的凹凸感和粗糙感，电视背景墙则常以简约的马赛克墙砖装饰，既保留了材质本身的纹理和质感，又能增添一份自然的美感。此外，在设计中引入水元素也是地中海风格中常见的手法，比如建造漂亮的回流系统或水池，不仅可以增加室内的湿度，也能让空间更加生动活泼。

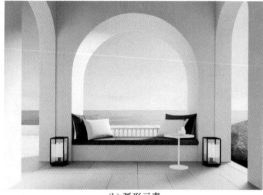

(a) 蓝色元素　　　　　　　　　　　　(b) 弧形元素

图 1-1-26　地中海风格元素设计

地中海风格的家具多采用低矮的造型和柔和的线条设计，从而营造出开阔的视野。圆形或椭圆形的木制家具也是地中海风格的典型特征，这些家具与整个环境完美融合，给人舒适、自然的感觉。

7. 北欧风格

北欧风格是指欧洲北部挪威、丹麦、瑞典、芬兰及冰岛等国的艺术设计风格，如图 1-1-27 所示，它也被称为"斯堪的纳维亚风格"。这种风格具有简约、自然和人性化的特点，以简洁著称于世，并影响到后来的"极简主义""简约主义""后现代"等风格。在 20 世纪的"工业设计"浪潮中，北欧风格的简洁被推到极致。

图 1-1-27　北欧风格室内设计

北欧风格多选用木材、石材、玻璃和铁艺等材质，其中木材是北欧风格装修的灵魂。为了有利于室内保温，北欧风格大量使用隔热性能较好的木材，如橡木、松木和胡桃木等。北欧风格的家具设计注重简洁、实用性和人性化。

8. 东南亚风格

东南亚风格是一种结合了东南亚民族岛屿特色及精致文化品位的家居设计方式，多以静谧与雅致、奔放与脱俗的装修为主，如图 1-1-28 所示。这种风格通常选用木材和其他天然原材料，如藤条、竹子、石材、青铜和黄铜等，深木色的家具也是其中的重要元素。同时，局部常采用一些金色的壁纸、丝绸质感的布料，使视觉层次更加丰富。此外，通过灯光的变化，更好地体现其稳重性及豪华感。

由于东南亚地区大部分地处多雨富饶的热带，其家具大多就地取材，如印度尼西亚的藤、马来西亚河道中的水草以及泰国的木皮等纯天然材质。图 1-1-29 所示为泰国象岛潘维曼度假村的室内设计。

图 1-1-28 东南亚风格室内设计

图 1-1-29 泰国象岛潘维曼度假村室内设计

9. 日式风格

日式风格也被称为"日本和式建筑风格"或"日本式建筑风格"，它起源于中国的唐朝。日式风格注重对自然和简洁的追求，如图 1-1-30 所示。典型的日式建筑采用歇山顶、深挑檐、架空地板、室外平台、横向木板壁外墙及桧树皮葺屋顶等元素。

图 1-1-30 日式风格室内设计

日本四季更替明显，但人多地少，人均自然资源较为匮乏。日式风格的典型特点是空间利用率高，在材质选择上也有一定的局限性，多以生长周期短的木、竹、藤、草制作拉门、隔窗、蒲草垫、榻榻米等。这种风格在色彩搭配上较为单一，尽量保留材质本色，且尽量避免高彩度的色彩点缀，往往采用浅木色、米白色等较淡的暖色与绿植搭配，营造出宁静淡雅的观感。

10. 现代简约风格

现代简约风格是以简约为主的装修风格，如图 1-1-31 所示。它强调将设计的元素、色彩、照明和原材料简化到最少，同时，它对色彩、材料的质感要求较高。现代简约风格的空间设计通常较为含蓄，往往能达到以少胜多、以简胜繁的效果。这种风格注重空间的整体感和简洁感，强调空间的实用

现代简约风格

图 1-1-31　现代简约风格室内设计

性和功能性。

在色彩上，现代简约风格通常选择黑色、白色、灰色等中性色作为主色调，通过搭配其他色彩营造出空间的层次感和跳跃感。

在照明上，现代简约风格强调自然光的运用，通过设置大面积的窗户和阳台使阳光充分进入室内。同时，也善于利用落地窗、吊灯、壁灯等照明方式，以创造出舒适、温暖的氛围。

在材质上，现代简约风格多选用玻璃、金属、陶瓷等现代材质，通过不同材质的搭配营造出空间的现代感和简洁感。现代简约风格迎合了年轻人的喜好，完美契合了都市快节奏生活中人们对于宁静、舒适居住环境的向往。

11. 工业风格

工业风格起源于欧美，将废弃的工厂或仓库整修改为工作室和居室，其空间高大开敞，户型内无障碍，装饰富有艺术性，如图 1-1-32 所示。工业风格将工业中的元素运用到装饰中，如钢筋水泥、裸露的屋顶等。它以黑色、白色、灰色为主色调，辅以皮质、老旧的装修元素，更好地体现了追求自由、奔放和个性化的特点。

图 1-1-32　工业风格室内设计

工业风格的主要象征之一是砖墙，无须对所有墙体铺砖，只要一面砖墙，就能体现浓浓的工业味。灯具的运用在工业风格中极其重要，极简造型或复古造型的灯，乃至霓虹灯，都能够营造出工业氛围。此外，工业风格往往色调偏暗，可以多使用射灯，增加点光源的照明。

工业风格形态多样，既有偏向现代艺术气息的工业风格，讲究线条感与现代材质的搭配；也有偏向田园性质的工业风格，力求在现代材质的基础上，突出人与自然的和谐共处；还有融合古典元素的工业风格，往往更具戏剧化效果。工业风格给人的整体印象偏向简约，这种简约美学与东方人的简约审美不谋而合。

12. 混搭风格

混搭风格是一种将不同元素、风格、颜色和材质组合在一起，以创造出独特个性的装修风格，如图 1-1-33 所示。这种风格打破了传统装修的限制，更加注重个性和创新。设计时，可以根据个人的兴趣爱好和装修需求进行选择和搭配，将不同的元素巧妙地组合在一起，以创造出不同的装修效果。

图 1-1-33　混搭风格室内设计

混搭风格可以在同一个空间中使用不同的装修风格和元素，如中式和欧式、现代和复古等，以创造出不同的氛围和感觉。混搭风格的装修需要注意色彩的搭配和材质的运用，不同搭配会给人不同的感觉，比如金属和玻璃可以搭配出现代感，而木质和布艺则可以搭配出自然感。

混搭风格糅合东西方美学精华元素，将古今文化内涵完美地融合于一体，充分利用空间形式与材料，创造出个性化的家居环境。混搭并不是简单地将各种风格的元素进行叠加，而是将它们主次分明地组合在一起。混搭是否成功，关键在于搭配是否和谐。最简单的混搭方法是先确定家具的主风格，然后用配饰、家纺等进行搭配。在混搭风格中，中西元素的混搭是主流，其次还有现代与传统的混搭。在同一个空间里，不管是"传统与现代"的混搭，还是"中西合璧"的混搭，都要以一种风格为主，以免使空间显得杂乱无章。此外，可以根据空间的大小、形状和用途进行合理的设计和布局，以创造出最佳的居住环境。

二、住宅室内设计流派

1. 光亮派

光亮派又被称为"银色派"，是晚期现代主义中的一个演变，它还是设计、装修领域的大流派之一，代表人物为原耶鲁大学建筑学院院长塞扎·佩利。光亮派室内设计特色鲜明，大量采用镜面或平曲面玻璃、抛光大理石、不锈钢等作为装饰面的材料；在室内照明方面，采用折射、投射等多种灯具和新型灯源，在金属与镜面的烘托下，营造出绚烂耀眼的效果。同时，利用现代工艺的高精度技术，展现出现代装修的风格态度。光亮派室内设计如图 1-1-34 所示。

图 1-1-34　光亮派室内设计

光亮派能够很好地反映现代社会的时尚特点和艺术界的动态，其建筑作品多呈现光泽晶莹的质感，具有极强的现代感，体现出现代主义的格调。通过大面积的半反射玻璃及镜面，将建筑融入周边环境的映像之中，如果建筑非常高，还会反射出天空的颜色，营造出一种迷离而浪漫的氛围。

2. 白色派

白色派是以"纽约五人组"（彼得·埃森曼、迈克尔·格雷夫斯、查尔斯·格瓦斯梅、约翰·海杜克、理查德·迈耶）为核心的建筑创作组织，在 20 世纪 70 年代前后最为活跃。其建筑作品以白色为主，具有超凡脱俗的气派和明显的非天然效果，被称为美国当代建筑中的"阳春白雪"。

白色是一种极好的色彩，能够将建筑和当地的环境很好地分隔开，深受白色派设计师的钟爱。如同瓷器拥有完美的界面而独具特色，白色也能使建筑在灰暗中显示出其独特的风格魅力，不仅能够突显其个性，还能够强调视觉影像的功能。从传统意义上说，白色是纯洁、透明和完美的象征。

白色派注重并强调空间与光线的关系。在内部陈设中，运用天然光线与立面形体产生的丰富光影效果，使空间清新脱俗，如图 1-1-35 所示。白色是包容的，看似纯粹单一，却能够以一种拓展性的姿态包容所有色彩；同时，它也是苛刻的，素雅冷静的白色，能够强化空间形体、结构和样式的感知与清晰度。因此，在居住空间中，选择白色基调的室内陈

图 1-1-35　白色派室内设计

设，搭配适当的纹样与装饰，能够形成明快而富有气质的居住氛围。尽管室内大面积的白色在使用过程中不够耐脏，但因其明亮、洁净的色彩特点依然备受青睐。在室内设计中大量地运用白色，构成了白色派的基调，其造型设计可以简洁明快，也可以富于变化。

3. 风格派

风格派是 1917~1928 年以荷兰为中心的现代艺术流派，其成员包括画家、设计师、建筑师。他们通过在荷兰莱顿城创建的《风格》杂志来交流各种思想，因此得名。严格地讲，风格派的绘画语言属于立体主义的一个分支，风格派绘画与立体主义一样，对对象进行抽象与分析。其基本概念是由皮特·科内利斯·蒙德里安于 1913~1917 年精心推敲的，但是，把它理论化并加以宣传的主要是特奥·凡·杜斯堡。

风格派的理论有着深奥的美学内涵。在绘画上，风格派完全把立体主义艺术语言推向

抽象，认为应该消除艺术与自然的任何联系，只有最小的视觉元素和原色才是真正传达"宇宙真理"的词汇，因此风格派又被称为"要素派"。在设计上，风格派追求一种终极的、纯粹的实在，追求以长和方为基本母体的几何形体，将色彩还原为三原色，界面变成直角、光滑、无装饰，用抽象的比例和构成代表绝对、永恒的客观实际。风格派室内设计如图 1-1-36 所示。

图 1-1-36　风格派室内设计

4. 解构主义派

解构主义作为一种设计风格的探索兴起于 20 世纪 80 年代，但它的哲学渊源则可以追溯到 1967 年。当时一位哲学家雅克·德里达基于对语言学中的结构主义的批判，提出了"解构主义"的理论。他的核心理论是对于结构本身的反感，认为符号本身已能够反映真实，对于单独个体的研究比对于整体结构的研究更重要。

"解构"在建筑上运用的核心思想是跳脱出传统固有的思维模式。如图 1-1-37（a）所示的国家体育场（鸟巢）和图 1-1-37（b）所示的中央电视台总部大楼，它们都是带有很强解构色彩的建筑。设计师打破了体育场应是圆形室外田径场、高楼应是方方正正造型的固有传统认知，跳出固有的思维模式，用一个另类的视角重新定义了建筑的形态。

(a) 国家体育场(鸟巢)

(b) 中央电视台总部大楼

图 1-1-37　解构主义派建筑

解构主义设计理念强调变化和随机性，用分解的观念，通过打碎、叠加、重组，为传统功能与形式的对立统一创造出支离破碎感和不确定感。

如图 1-1-38 所示，在解构主义派室内设计中，其中一种结构形式是将室内空间、装饰构件、家具陈设以及装饰材料等多方面元素统一在一个特定范畴内进行拆解，根据不同使用者的条件，将拆解后得到的每一个元素再一次重构，通过多次元素拆解再重构的过程，构建出室内设计的形态，使其具有独创性与新颖性。

另一种室内重构表现形式同样通过分解室内设计元素，运用在统一中求变化的原则，从室内采用的统一装饰材料中剔除一部分，替换为其他的材料。尽管材料运用出现了变化，但所传达的精神却是相同的，这种室内设计既不加装饰、彰显自然，又返璞归真。值得注意的是，这种重构并不是无目的地随意组合或拼贴，而是通过程式化的原则进行重构，是建立在一定上层建筑（精神与物质）基础上的逻辑化的建构，如图 1-1-39 所示。

图 1-1-38　解构主义派室内设计（形式一）　　　图 1-1-39　解构主义派室内设计（形式二）

5. 超现实派

超现实派追求所谓超越现实的艺术效果，在室内布置中常采用异常的空间组织、曲面或具有流动弧形线形的界面、浓重的色彩、变幻莫测的光影、造型奇特的家具与设备，有时还以现代绘画或雕塑来烘托超现实的室内环境气氛，如图 1-1-40 所示。超现实派的室内环境尤为适合对视

图 1-1-40　超现实派室内设计

觉形象有特殊要求的某些展示或娱乐的室内空间。

6. 装饰艺术派

装饰艺术起源于 20 世纪 20 年代，那时全球工业化迅速发展，各种工业产品批量化生产，设计师既为这种工业成就感到兴奋，又对工业化产品统一化和无个性化的缺点感到不满，于是便出现了一种折中的设计思想——在工业产品中加入手工的艺术装饰元素，把"现代"诠释成一种充满弯曲的、边缘锐利的几何造型。1925 年，巴黎的工业产品艺术装饰展览会将这种风格确定为"装饰艺术"。后来，装饰艺术在欧美兴起，其范围有所扩充，涵盖了家具、室内设计、珠宝和建筑在内的所有元素。

装饰艺术派室内设计具有强烈的特征，造型多采用几何形状或用折线进行装饰，色彩强调运用鲜艳的纯色、对比色和金属色，如图 1-1-41 所示。此外，充满异域情调的装饰也非常常见，如中国瓷器、丝绸，非洲木雕，日式锦帛，东南亚棉麻，法国宫廷烛台等。

图 1-1-41　装饰艺术派室内设计

🔧 任务实训

实训内容：
分析住宅室内设计风格。
实训要求：
结合相关素材及网络资源，分析五种以上当前住宅室内设计流行的主要风格，并制作 PPT 进行汇报展示，具体要求如表 1-1-4 所示。

分析住宅室内设计
风格任务实训

表 1-1-4　　　　　　　　　　　实训 PPT 及汇报要求

序号	主要内容	相关要求
1	内容质量	PPT 主题清晰明确，与讲解内容紧密相关；内容全面，涵盖所有必要的信息点，有深度和广度；内容具有原创性和独特性，能够引起听众的兴趣和共鸣
2	结构组织	PPT 结构合理，有明确的开头、中间部分和结尾，各部分之间过渡自然、衔接紧密
3	表达呈现	学生演讲流畅、自然，能够清晰准确地传达信息；使用恰当的词汇，表达准确、生动、有感染力；PPT 视觉效果吸引人，布局合理，图片、图表等清晰可见，色彩搭配恰当
4	互动能力	与听众进行有效的互动，能回答听众的问题或解决听众的疑惑
5	时间管理	在规定时间内完成 PPT 的演示和讲解

📝 任务评价

实训评价标准如表 1-1-5 所示。

表1-1-5   实训评价标准

序号	评价项目		评价内容	分值	评价标准
1	学习态度	课前学习	能够自主完成课前学习任务,养成自主探索、持续提升的学习习惯	10分	通过网络教学平台系统进行课前学习成果、预习情况监测,平台综合打分
2	课堂表现	学习效果	在课堂上积极回答问题;执行6S管理,携带教材和任务书,认真听讲,参与讨论;课上完成学习笔记后及时上交	20分	各项内容每出现一处不完整、不准确、不得当处,扣1分,扣完为止
		课堂活动	积极参与问卷、抢答、选人、讨论、测验、小组任务等课程活动	10分	
3	任务实训	实训成果	在实训过程中遇到问题时,能够独立思考并有效解决	10分	各项内容每出现一处不完整、不准确、不得当处,扣0.5分,扣完为止
		团队协作	能够与团队成员有效协作,共同完成任务;能够与团队成员、指导教师和实训单位进行有效的沟通	10分	
		文本制作	实训任务完成的准确性、完整性以及预期目标的符合性;制作PPT,对实训成果进行汇报展示	20分	
		汇报展示	仪态得体,表达流畅自然,逻辑清晰,具有原创性和独特性,能够引起听众的兴趣和共鸣	20分	各项内容每出现一处不完整、不准确、不得当处,扣1分,扣完为止
总计				100分	

🔗 **任务拓展**

① 简要介绍自己的自住空间（家）是哪种设计风格，有何优缺点。

② 探究住宅室内设计的工作流程。

③ 探究住宅室内方案设计的内容。

项目二　住宅室内设计工作流程

项目介绍　设计作品是设计师专业知识、人生阅历、文化素养、艺术涵养、道德品质等方面的综合体现。要想成为一名优秀的设计师，应以职业标准为基准，明确目标和职业责任，从专业知识、设计技能、美术功底、艺术涵养、人生阅历、创新能力以及市场意识等方面入手，不断提高自身综合能力。

本项目详细介绍了住宅室内设计工作全过程，即前期准备阶段、方案设计阶段、施工图设计阶段、设计实施及后期服务阶段。通过本项目的学习，能够了解国家职业标准及"1+X"职业技能等级标准，树立正确的职业观，明确职业道德、基础知识以及相关工作要求，明确学习目标，做好职业生涯规划。结合案例，熟悉住宅室内设计工作流程，掌握各阶段工作的主要知识与技能，培养规范设计、以人为本、绿色环保的意识，锻炼自主探索、归纳总结及沟通表达的能力。

任务一　前期准备阶段

● 学习目标

1. 素质目标：树立正确的职业观，培养规范设计、以人为本、绿色环保的意识；锻炼自主探索、归纳总结及沟通表达的能力。

2. 知识目标：了解室内装饰设计师国家职业标准；熟悉住宅室内设计工作流程及各阶段工作的主要内容；掌握各阶段工作的相关工具及软件的使用方法。

3. 能力目标：能够使用量房工具，完成量房草图绘制；能够自主探索，收集资料，沟通协作并归纳整理相关信息，完成设计前期准备工作。

● 教学重点

住宅室内设计职业标准及工作流程、住宅室内设计各阶段工作内容及要点。

● 教学难点

住宅室内设计各阶段工作内容及要点。

● 任务导入

本项目位于黑龙江省哈尔滨市南岗区某公馆，建筑面积130m²，户型为三室两厅一厨两卫。本次任务需要对场地情况、客户需求进行调研分析，编制项目任务书，梳理场地问题及客户设计要求，尝试提出合理建议及解决方案，制作PPT，并进行汇报展示。

一、室内装饰设计师国家职业标准

2023年3月31日，为规范从业者的从业行为，引导职业教育培训的方向，为职业技能鉴定提供依据，依据《中华人民共和国劳动法》，适应经济社会发展和科技进步的客观需要，立足培育工匠精神和精益求精的敬业风气，中华人民共和国人力资源和社会保障部联合中华人民共和国住房和城乡建设部组织有关专家，制定了《室内装饰设计师国家职业标准（2023年版）》（以下简称《标准》）。

《标准》以《中华人民共和国职业分类大典》为依据，严格按照《国家职业技能标准编制技术规程》有关要求，以"职业活动为导向、职业技能为核心"为指导思想，对室内装饰设计师从业人员的职业活动内容进行了细致描述，对各等级从业者的技能水平和理论知识水平进行了明确规定。

《标准》对室内装饰设计师进行了职业定义，即"运用物质技术和艺术手段，对建筑物及飞机、车、船等内部空间进行环境设计的专业人员"。将职业设为五个等级，分别为：五级/初级工、四级/中级工、三级/高级工、二级/技师、一级/高级技师。

此外，《标准》结合室内装饰行业的自身特点和已有成果，从职业领域的逻辑起点出发，依据典型工作任务分析，分层剖析职业领域对不同级别人才的需求，确定各级别面向的职业范围，分析典型职业活动和工作任务，在此基础上分析胜任职业活动所需要的职业能力。

相关国家标准的更新发布，在顶层设计上为开展相应职业教育培训提供了依据，是鼓励室内装饰设计师追求创新思维、专业精神和精益求精行业素养的重大举措，有利于促进从业人员更好地适应新技术和新材料带来的行业革新。

二、住宅室内装饰设计师职业能力水平标准

2023年7月24日，由中国建筑装饰协会和清华青岛艺术与科学创新研究院主编，并会同有关单位共同编制的《住宅室内装饰设计师职业能力水平标准》（T/CBDA 68—2023）发布，自2023年11月1日起施行。

《住宅室内装饰设计师职业能力水平标准》（T/CBDA 68—2023）是住宅室内设计领域首个设计师职业能力标准。它明确了住宅室内设计师应具备的职业能力，并对此进行了专业表述和等级评定。为判读住宅室内装饰设计师的能力提供了一定的依据，使设计师职业进阶有了目标方向，为企业招聘选才提供了一定的原则。

《住宅室内装饰设计师职业能力水平标准》（T/CBDA 68—2023）填补了我国建筑装饰行业关于住宅室内装饰设计师职业能力标准的空白，明确了作为家装设计师应当具备的职业水平，为广大住宅室内装饰设计从业者提供了目标引领，为从业者就业能力和业务水准提供了评判依据。

结合国家职业标准及行业标准，不难看出，建筑装饰行业愈加规范化，更加突出新知识、新技术、新工艺、新工法，注重职业能力水平的培养，为相关从业人员提供了机遇与挑战。为适应时代需求，住宅室内装饰设计人员应不断完善自身知识结构，全面提高综合职业能力水平。

三、住宅室内设计主要工作流程

2014 年 3 月，国务院发布了《国务院关于推进文化创意和设计服务与相关产业融合发展的若干意见》，就加快推进文化创意和设计服务与实体经济深度融合做出明确要求，从战略层面推进文化创意和设计服务等新型、高端服务业发展，促进与实体经济深度融合。

随着数字化时代的到来，传统制造技术与互联网技术结合，实现了信息化与自动化的高度融合，新技术、新工艺、新材料、新设备给人们的生活带来了日新月异的变化。与此同时，人们对室内环境的要求也在不断变化。图 1-2-1 所示为智能家居的应用，科技的进步与发展为设计行业带来了新的机遇和挑战。

图 1-2-1　智能家居应用

室内环境直接影响着人们的生活质量。室内设计工作是一个复杂的过程，它不仅要考虑设计的艺术性和功能性，还要考虑土建工程的安全性和可行性。现代室内设计要求以人为本，以满足人的身心需求为核心，遵循自然与客观法则，深度融合科学性、整体性和可持续发展理念，综合运用技术手段，考虑周围环境因素的作用，充分利用有利条件，积极发挥创意思维，打造一个符合人们生理、心理要求的室内环境。图 1-2-2 至图 1-2-4 所示分别为起居室、餐厅、卧室效果图。

图 1-2-2　起居室效果图

图 1-2-3　餐厅效果图　　　　　　　　　　图 1-2-4　卧室效果图

　　设计师作为客户和施工团队的纽带，贯穿项目始终，不仅需要具备艺术审美、创意设计等专业能力，以满足客户功能需求、审美情趣、价值取向等方面的要求，还需要熟悉各类装饰材料、设施设备、施工工艺，合理协调、掌握施工进程，实现三方有效沟通协调，保证项目的有序开展，以实现美学与实用、技术、经济等因素的完美结合。

　　一般地，住宅室内设计主要分为四个阶段，即前期准备阶段、方案设计阶段、施工图设计阶段、设计实施及后期服务阶段。

住宅室内设计

工作流程

1. 前期准备阶段

　　在前期准备阶段，主要是与客户对接，了解客户需求，初步确定设计意向、造价预算，并对项目现场进行勘测，收集相关资料，梳理设计任务与要求，形成设计任务书，签订设计合同。

2. 方案设计阶段

　　在方案设计阶段，主要分为三个环节，即概念设计、方案设计、扩初设计。通过进一步的收集、分析相关资料与信息，对项目进行设计、汇报、修改与确定，确定相关材料、工艺，为接下来的施工图设计做准备。

3. 施工图设计阶段

　　在施工图设计阶段，主要完成施工必需的平面图、立面图、构造节点详图、细部大样图、设备管线图，并编制施工说明，确定造价预算。

4. 设计实施及后期服务阶段

　　在设计实施及后期服务阶段，设计师要与施工团队进行现场交底，并在施工过程中掌握施工进度、检查施工细节，当出现设计或施工问题时，及时与客户、施工方沟通协调、变更，保障工程的顺利实施。最后，与客户、工程监理、施工负责人共同进行竣工验收，并在后期提供软装建议。

四、前期准备阶段

在项目前期准备阶段，设计师需要与客户有效沟通，开展实地踏查，全方位收集信息。应重视人体工程学、环境心理学、审美心理学等方面的分析研究，科学、深入地了解人的生理特点、行为心理和视觉感受等方面的设计要求，从而为后续设计工作提供个性化、科学合理的设计方案以及实用的解决方案和优化措施。

结合实际岗位工作流程，前期准备阶段主要包括项目接洽、现场勘测、编制项目任务书三个环节。

1. 项目接洽

家装行业市场潜力巨大且行业竞争激烈，挖掘潜在客户、与客户的沟通洽谈尤为重要，良好的沟通是项目顺利推进的首要环节。一名优秀的住宅室内设计师，除应具备过硬的专业技能外，还要具备良好的沟通能力和理解能力，以便准确把握客户意图，提供科学合理的设计建议，从而获得客户的信任与认可。

（1）项目接洽内容

为了提供有效的设计方案，需要全面了解客户需求，如项目情况、装修资金、家庭情况、文化背景、设计预期等，如表 1-2-1 所示。在这一环节，应结合设计及生活经验，挖掘隐含信息，以便做到个性化定制。

表 1-2-1　　　　　　　　　　项目接洽内容

序号	信息类别	主要内容	主要目的
1	项目情况	地理位置、户型、面积、现有装修情况等	了解项目概况，提供同类项目实例，为客户提供参考
2	装修资金	经济水平及装修预算等	为装修选材、施工工艺提供合理化建议
3	家庭情况	成员组成、年龄结构、性格特点、兴趣爱好等	为设计风格、空间组织、功能设计、装饰设计等提供合理化建议
4	文化背景	籍贯、教育、职业等	
5	设计预期	生活习惯、设计需求、设计愿景等	综合考虑智能化、适老化设计，融合健康、安全、环保、绿色的设计理念，为室内环境可持续发展提供科学规划和合理化建议

（2）项目接洽形式

在前期项目接洽过程中，可以通过线上、线下多种方式了解客户的基本需求，并相互交流意见。在这一环节，设计师的专业水平和实践经验以及沟通能力是获得客户信任与认可的关键。

（3）项目接洽技巧

能否与客户进行有效沟通，直接关乎能否获得客户的认可与信任。良好的沟通表达能力并非与生俱来，而是需要通过不断学习、积累经验，逐步形成适合自己的沟通方式和谈单流程。无论沟通方式如何变化，都离不开三大核心问题，即"真诚""专业""共情"。

2. 现场勘测

现场勘测是设计前期准备阶段十分重要的环节，这一阶段获取的信息和资料是开展设计的重要依据。这一过程中对项目实际情况的把握是与客户沟通、开展设计的出发点，同时也是获取设计灵感的重要途径。

（1）现场勘测准备

接到设计项目后，首先，应收集项目基础资料，如项目区位、周边环境、户型信息等，如果能够获得原始户型图，可以将图纸打印，以便后续量房、验房；其次，可以收集同类项目设计实例效果图或实景图片，以便与客户沟通，更好地向客户说明设计意图；最后，与客户约定量房时间，上门勘测。

本任务中，某130m² 三居室原始户型图如图 1-2-5 所示。

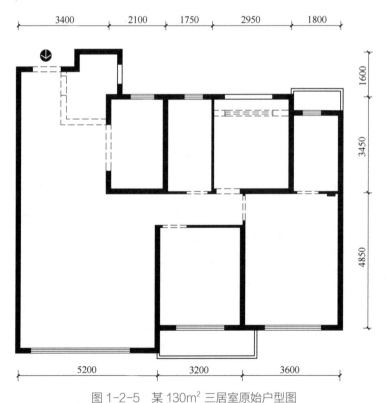

图 1-2-5　某 130m² 三居室原始户型图

量房前，需要准备好测量用具，如量房本（或绘图纸）、笔（铅笔、针管笔、马克笔等）、卷尺、激光测距仪等，分别如图 1-2-6 和图 1-2-7 所示。

现场勘测记录表(A)	客户：　　　　电话：　　　　来源： 小区地址：　　　　　　　　　　面积： 测量人：　　设计师：　　　年　月　日
（绘图网格）	

图注　——配电箱　⊥消防栓　◇水表　地热分水阀　中央空调　暖气　下水主管道　煤气表　坐便

现场勘测记录表(B)

户型：	别墅□	阁楼□	复式□	平层□	其他□
意向装饰风格：	现代□ 中式□ 田园□ 地中海□ 港式□ 后现代□ 古典□ 日韩式□ 东南亚□				
其他意向风格：					
客户装修要求：	简单装修□ 中档装修□ 高档装修□ 豪华装修□	预计主材费用：		轻辅费用：	
居住情况：	职业：	装修次数：		对比的装饰公司：	
其他备注：	供热方式：	管件：			

厨房注意事项	阳台注意事项	卫生间注意事项	起居室、卧室、书房注意事项
地面与临房间的高低差：	贴地砖后阳台门开启：是□ 否□	门开启方向：里开□ 外开□	起居室层高：　中心点高度：
地面材质：水泥□ 混凝土□ 大白□	阳台地面是否有地砖：是□ 否□	地面与临房间的高低差：	四个房角分别高度：
墙面空鼓：是□ 否□	阳台是否有管道：是□ 否□	地面材质：水泥□ 混凝土□ 大白□	卧室层高：
阴阳角地力：是□ 否□	墙面材质：水泥□ 混凝土□ 大白□	墙面材质：水泥□ 混凝土□ 大白□	卧室点高度：
是否有地热源：是□ 否□	墙面空鼓：是□ 否□	墙面空鼓：是□ 否□	四个房角分别高度：
过门石采用方式：	窗框有无、是否拆除：是□ 否□	阴阳角地力：是□ 否□	书房层高：
	外窗阳台：是□ 否□	是否有地热源：是□ 否□	墙面问题：隔涩□ 裂缝□ 墙皮脱落□
		同层排水：	是否处理：是□ 否□
			窗宽一致：是□ 否□
			门两侧墙厚一致：是□ 否□
			地面材质：
			地面是否需要找平：自流平□ 水泥砂浆□

图注　——配电箱　⊥消防栓　◇水表　地热分水阀　中央空调　暖气　下水主管道　煤气表　坐便

图 1-2-6　量房本

(a) 针管笔　　　　　　(b) 卷尺　　　　　　(c) 激光测距仪

图 1-2-7　测量用具

根据公司工作要求以及设计师使用习惯，测量用具也会有所不同。有的设计师在量房、验房过程中可能会用到空鼓锤、金属探测仪、测电笔以及水平尺、靠尺等工具。随着行业的发展，一些智能设备和软件也为设计师带来了很大的便利，如具有出图功能的激光测距仪及出图软件、金属探测仪等，如图 1-2-8 所示。

(a) 激光测距仪及出图软件　　　　　　(b) 金属探测仪

图 1-2-8　智能设备和软件

（2）现场勘测，深入沟通

在现场勘测过程中，需要对项目外部环境、内部环境进行勘测，找到现场环境的优缺点，进行初步构思，并与客户进一步沟通。主要通过观察、测量、记录、拍照、绘图、录音等形式收集相关信息。

对外部环境的勘测主要包括了解居住区整体环境，以及外部地形、噪声、遮挡物、交通运输等条件信息，以便保障室内设计目标的有效达成。对内部环境的勘测主要包括了解现场建筑结构，感受现场采光、通风情况，检查墙体、楼板、门窗等质量问题，确定水电管线布局，并进行实地测量。具体现场勘测内容及注意事项如表1-2-2所示。

企业导师
量房讲解

表1-2-2　　　　　　　　　　　　　　现场勘测内容及注意事项

序号	环境	勘测内容		注意事项
1	外部环境	地形、声环境、植被环境、交通、遮挡物等		观察外部地形、层高、楼间距、遮挡物等情况，对采光、通风情况形成初步判断；了解外部声环境、植被环境，有效利用有利条件；了解场地交通情况，考虑后期材料运输、进场条件；注意记录、拍照，便于后期资料留存
2	内部环境	现场勘察	采光、通风情况	观察内部采光、通风情况，了解照明需求；对影响采光和通风的门窗洞口进行重点勘察，便于后期结构调整
			建筑结构情况	观察现场空间结构布局，考察建筑结构，为后期结构固定、连接做准备；检查楼板、天花、墙面是否有裂缝、漏水或倾斜、不平整等情况，为后续设计、施工做准备；检查柱、梁、承重墙、非承重墙、门窗洞口等位置，为后期结构优化提供依据
			现场设备情况	了解住宅原有上下水管、排污管、管道井、配电箱等位置；检查原有水电管线、供暖设备质量，提供是否更换建议；了解电源、开关、插座等位置及客户需求，提供改造建议
			特殊情况	对特殊位置和结构进行详细记录
		现场测量	空间基本尺寸	对室内各空间长、宽、高进行测量记录；对室内楼梯、露台等位置进行测量记录；注意统一测量、记录单位；注意量房顺序，可以从入户门开始，沿顺时针或逆时针方向进行墙体绘制，先绘制完所有墙体，再按顺序进行每一面墙体的尺寸测量；注意对每个空间进行拍照记录，便于后期查缺补漏和存档
			细部尺寸	注意标明梁、柱位置及尺寸；注意标注承重结构位置；注意标注门窗洞口等位置、尺寸与规格；注意标注水电管线、马桶坑口等位置及尺寸；注意标注建筑受损情况；注意拍照记录，便于后期查缺补漏和存档

量房尺寸是否精确、结构是否了解透彻，会直接影响到后期的设计布局样式和空间改造方式，因此一定要认真严谨，做好记录、复尺和校对。图 1-2-9 至图 1-2-11 所示分别为项目现场空间情况、项目现场细部情况及量房草图。

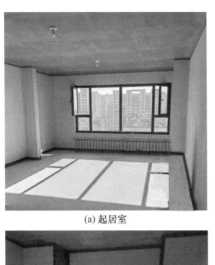

(a) 起居室

(b) 厨房

(c) 卧室

(d) 书房

图 1-2-9 项目现场空间情况

(a) 厨房

(b) 客用卫生间

(c) 主卧卫生间

图 1-2-10 项目现场细部情况

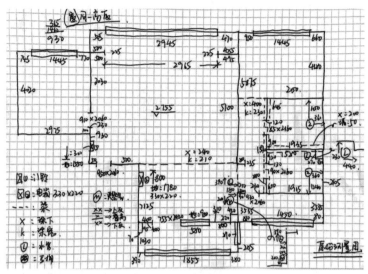

图 1-2-11　量房草图

在现场勘测过程中，可以随时和客户进一步沟通，了解其空间需求、功能预期、审美倾向等。同时，结合现场情况为客户提供空间组织、墙体拆改、水电改造、动线组织、功能设计、氛围营造等方面的建议。

3. 编制项目任务书

现场勘测结束后，需要将量房草图、现场照片、内外环境情况以及客户需求进行整理记录，为后续设计工作提供依据。可以结合企业要求、设计师工作习惯、客户需求等选择合适的记录形式，也可以编制项目任务书。项目任务书能够确保全面了解相关信息、避免缺漏，还能规范前期工作流程，形成工作记录，为客户提供更好的服务体验。项目任务书样例如表 1-2-3 所示。

表 1-2-3　　　　　　　　　　项目任务书样例

项目名称				客户姓名	
项目地址					
建筑面积		户型信息		资金预算	
风格偏好					
客户信息	家庭成员				
	年龄结构				
	文化程度				
	兴趣特长				
	民族				
	禁忌喜好				
	其他信息				
外部环境					
内部情况					
基本要求					
设计成果					

任务实训

实训内容：

住宅室内设计前期准备工作。

实训要求：

① 以"温暖的家"为主题，将自己的家庭作为服务对象，充分调研，完成项目接洽工作，并保留沟通记录，具体要求如表1-2-4所示。

前期准备阶段
任务实训

表1-2-4　　　　　　　　　　项目接洽内容及要求

序号	主要内容	相关要求
1	项目情况	梳理家庭住宅区位、户型、面积、现有装修等情况
2	装修资金	拟定装修预算20万元，合理制订装修计划
3	家庭情况	梳理家庭成员结构，调查各家庭成员生活习惯、兴趣爱好，以便开展空间组织与功能设计
4	文化背景	梳理家庭成员教育、职业等情况，为设计风格、装饰设计等提供合理化方案
5	设计预期	充分调查家庭成员对"家"的设计愿景及设计需求，融合健康、安全、环保、绿色的设计理念，综合考虑智能化、适老化设计

注：遵循以人为本的原则，调研内容可根据家庭情况适当增减。

② 利用卷尺、激光测距仪等测量工具对项目基地进行现场勘测，绘制量房草图，具体要求如表1-2-5所示。

表1-2-5　　　　　　　　　　现场勘测主要内容及方式建议

序号	环境		勘测内容	方式建议
1	外部环境		观察外部地形、层高、楼间距、遮挡物等情况，了解采光、通风情况；了解外部声环境、植被环境，有效利用有利条件	采用卫星地图、视频连线、拍照等方式
2	内部环境	现场勘察	采光、通风情况	观察内部采光、通风情况，了解照明需求；对影响采光和通风的门窗洞口进行重点勘察，便于后期结构调整	采用视频连线、体验等方式
			建筑结构情况	观察现场空间结构布局，考察建筑结构，为后期结构固定、连接做准备；检查楼板、天花、墙面是否有裂缝、漏水或倾斜、不平整等情况，为后续设计、施工做准备；检查柱、梁、承重墙、非承重墙、门窗洞口等位置，为后期结构优化提供依据	
			现场设备情况	了解原有上下水管、排污管、管道井、配电箱等位置；检查原有水电管线、供暖设备质量，为是否更换提供建议	
			特殊情况	对特殊位置和结构进行详细记录	

续表

序号	环境		勘测内容		方式建议
2	内部环境	现场测量	空间基本尺寸	对室内各空间长、宽、高进行测量记录;对室内楼梯、露台等位置进行测量记录;注意统一测量、记录单位;注意量房顺序,可以从入户门开始,沿顺时针或逆时针方向进行墙体绘制,先绘制完所有墙体,再按顺序进行每一面墙体的尺寸测量;注意对每个空间进行拍照记录,便于后期查缺补漏和存档	利用卷尺、激光测距仪等测量工具开展实训室量房实训;利用测量工具对住宅进行量房;利用移动端测量软件对照片进行测图
			细部尺寸	注意标明梁、柱位置及尺寸;注意标注承重结构位置;标注门窗洞口等位置、尺寸与规格;标注水、电、管线、马桶坑口等位置与尺寸;标注建筑受损情况;注意拍照记录,便于后期查缺补漏和存档	

③ 对场地情况、客户需求进行调研分析,参照表1-2-3编制项目任务书并进行填写。

④ 梳理场地问题及客户需求,尝试提出合理建议及解决方案。

⑤ 制作PPT,并进行汇报展示,具体要求如表1-2-6所示。

表1-2-6 实训PPT及汇报要求

序号	主要内容	相关要求
1	封皮	体现设计项目、设计人员,文本风格与设计风格相呼应
2	目录	主要包括前期分析的各项工作,包括但不限于以下内容:项目概况、设计定位、设计风格、拟解决的问题、设计意向等
3	项目概况	主要包括家庭住宅区位、户型等情况,附手绘量房草图及相应的现场照片;梳理家庭成员的设计需求、生活习惯等分析结论
4	设计定位	结合调研分析,确定设计目标
5	设计风格	结合调研分析,确定设计风格,结合意向图进行展示说明
6	拟解决的问题	结合调研分析,列清需要解决的问题,并提供合理建议及解决方案
7	设计意向	分空间进行设计意向展示,采用意向图或手绘效果图展示均可

任务评价

实训评价标准如表1-2-7所示。

表 1-2-7　　　　　　　　　　实训评价标准

序号	评价项目	评价内容		分值	评价标准
1	学习态度	课前学习	能够自主完成课前学习任务,养成自主探索、持续提升的学习习惯	10分	通过网络教学平台系统进行课前学习成果、预习情况监测,平台综合打分
2	基本素质	职业素养	能够按照进程完成项目任务,学习态度端正,能够主动探索专业知识和专业技能;能够进行设计汇报,逻辑清晰、语言表达流畅;能够严格遵守相关实习、实训纪律,规范作业,安全操作	10分	各项内容每出现一处不完整、不准确、不得当处,扣1分,扣完为止
		团队协作	能够团队互助,协作完成工作任务,具有良好的沟通表达能力	10分	
3	任务实训	量房成果	对场地内外环境进行勘测、踏查,能够详细记录现场状况,绘制空间基本尺寸和细部尺寸	20分	各项内容每出现一处不完整、不准确、不得当处,扣0.5分,扣完为止
		项目任务书	前期调研充分,能够完成项目任务书的编制,融入以人为本、绿色设计的理念	20分	
		问题梳理	结合前期所得信息及资料,分析设计问题,提出可行的解决方案	10分	
		文本制作	团队协作,制作PPT,对前期分析成果进行汇报展示	20分	各项内容每出现一处不完整、不准确、不得当处,扣1分,扣完为止
总计				100分	

🌐 任务拓展

① 收集相关住宅室内设计案例。

② 探究不同年龄层对于居住空间的需求。

③ 探究智能家居在住宅室内设计中的应用。

任务二　方案设计阶段

● 学习目标

1. 素质目标:培养遵守国家相关行业规范的工作习惯,坚持健康、安全、环保、绿色、以人为本的设计理念,锻炼创新思维与语言表达能力。

2. 知识目标:了解方案设计阶段工作内容,熟悉概念设计、方案设计、扩初设计的工作内容及规范要求，掌握草图构思、方案设计的表现方法。

3. 能力目标：能够结合前期收集的资料进行概念设计，能够结合设计意图进行设计方案的展示与表达。

● **教学重点**

概念设计、方案设计、扩初设计的工作内容及规范要求。

● **教学难点**

结合收集的资料、信息进行概念设计，并进行设计汇报。

● **任务导入**

本项目位于黑龙江省哈尔滨市南岗区某公馆，建筑面积 $130m^2$，户型为三室两厅一厨两卫。须结合前期准备阶段工作成果，继续深化设计构思。

一、方案设计阶段应注意的问题

方案设计阶段是在前期准备阶段的基础上，进一步收集、整理、分析有价值的信息，并运用科学技术手段，以实现客户功能、美学、心理

方案设计阶段

等方面需求为出发点，对室内空间、活动、舒适性、安全性等方面进行再组织和优化，确定构思立意，并对整体风格、材料选用、家具、照明和色彩等进行深化设计。结合实际岗位工作流程，方案设计阶段主要分为概念设计、方案设计、扩初设计三个环节。

在方案设计阶段，应注意以下问题。

1. 以人的需求为出发点

住宅空间不仅要满足居住功能需求，还要满足人们精神生活的需求。因此，应充分考虑客户需求，力求实现使用者的理想生活方式，提升审美品位，满足其兴趣爱好。同时，创意设计应贴近消费者内心诉求，做到有故事、有温度、有穿透力，打造具有"幸福感"的居住空间。

例如，在以老年人为核心的家庭结构中，适老化设计是居住空间中需要考虑的重要因素。在适老化设计过程中，应充分考虑老年人的心理特征、生理特征、行为特征及需求。适老化家居各空间元素及改造案例如图 1-2-12 所示。

老年人在心理上需要找到家庭活动的参与感、认同感以及归属感。在公共活动空间的设计上，应注重实现老年人的参与度，可以在色彩、陈设等方面再现或融入记忆元素，营造家庭归属感氛围。

随着身体机能、认知机能等的逐渐衰退，老年人的辨识能力、判断力、反应速度、身体尺寸、运动能力等成为设计师在规划设计时应注意的问题。可以通过色彩、照明、适老化设备、智能设备等，在家居空间中保障老年人的舒适性与安全性，具体设施、设备规范标准可查阅《无障碍设计规范》（GB 50763—2012）、《老年人照料设施建筑设计标准》（JGJ 450—2018）。

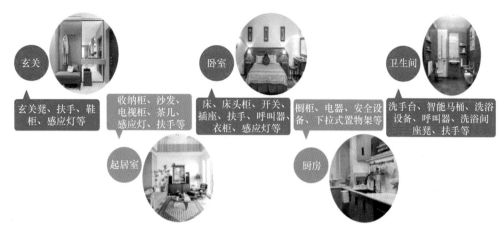

类型	玄关	起居室	卧室	厨房	卫生间
改造	玄关凳、鞋柜等	收纳柜、沙发、电视柜、茶几等	床、床头柜、衣柜等	橱柜、电器、洗碗池、燃气灶、安全报警器等	洗手台、马桶、洗浴设备等
新增	扶手、感应灯	感应灯、扶手	墙面扶手、床边助力扶手、呼叫器、感应灯	下拉式置物架	呼叫器、智能马桶、洗浴间座凳、扶手

图 1-2-12　适老化家居各空间元素及改造案例

2. 遵循形式美艺术法则

整体与局部的统一与变化是形式美艺术法则的重要组成部分。在设计中，应从整体考虑，局部服从整体，将统一与变化融入艺术设计中。在设计中应把握整体的重要性，在探求整体的统一中寻求局部的多样性。

图 1-2-13 所示为一住宅室内设计实例。该实例建筑面积为 143m²，户型为三室两厅一厨两卫。整体设计风格为美式，全屋以浅色系为主，主要采用了白色和原木色，以灰色为点缀色，体现出美式风轻盈的基调。起居室木梁、餐厅餐桌椅、厨房座椅等元素选用了木制材料，在色彩、材质上形成了视觉上的统一。

(a) 起居室效果图

(b) 餐厅效果图

(c) 餐厅、厨房效果图

(d) 主卧效果图

(e) 客卧效果图

图 1-2-13　住宅室内设计实例

3. 技术与艺术相融合

住宅室内设计是技术与艺术的融合。现代住宅室内设计特别重视科学性与艺术性的结合，一方面要求设计师深入了解人的生理特点、行为心理和视觉感受，探究人体工程学、环境心理学、审美心理学等方面的知识，以便为人们对室内环境设计提出的要求提供科学合理的解决方案；另一方面要求设计师了解材料、构造、施工工艺等知识，从设备、材料、施工工艺等方面考量设计的可行性，保障设计方案的切实落地。

图 1-2-14 和图 1-2-15 所示分别为起居室、餐厅效果图与实景图对比。

(a) 效果图　　　　　　　　　　　　　　　　(b) 实景图

图 1-2-14　起居室效果图与实景图对比

(a) 效果图　　　　　　　　　　　　　(b) 实景图

图 1-2-15　餐厅效果图与实景图对比

4. 时代潮流与历史文化并重

（1）新技术、新工艺、新材料、新设备的融入

当今社会已经迈进数字化时代，随着技术的不断更新迭代，各行各业都面对着产业升级的需求和压力，新技术、新工艺、新材料、新设备的发展也为室内装饰行业带来了机遇与挑战。人工智能、生态技术、节能技术、数字化技术、增材制造技术、装配式建筑技术以及建筑装饰新材料、智能化设备等，不仅完善了建筑施工技术和施工工艺，提高了能源、材料的利用率，使其向绿色、低碳、循环发展，还提升了生活的便利性、舒适性，在很大程度上推进了人与自然的和谐共生。图 1-2-16 所示为机器人及其制造成品，图 1-2-17 所示为增材制造技术及其应用。

随着人工智能的不断发展，智能家居为建筑装饰行业带来了新的发展动力，也极大地丰富了用户的智能家居体验。从智能助手、智能家电到全屋智能控制系统，各种各样的智能设备已经成为家庭的一部分，为人们的生活带来了便利、安全和舒适。智能家居行业正在不断发展，未来将给人们带来更多的可能性。

(a) 机器人　　　　　　　　　　　　(b) 制造成品

图 1-2-16　机器人及其制造成品

(a) 增材制造技术　　　　　　　　　　　　(b) 应用

图 1-2-17　增材制造技术及其应用

（2）文化内涵与情感价值的融入

二十大报告指出"我们必须坚定历史自信、文化自信，坚持古为今用、推陈出新"。在现代化的进程中，人们对于民族文化、历史文化的认识更加深入。

在竞争与压力、机遇与挑战并存的时代，人们开始重新审视真正契合内心深处的生活愿景，渴望重新找回一种轻松自在、回归本真的生活状态，追求情感价值、文化内涵等更深层次的精神需求，这与中华优秀传统文化及处世哲学不谋而合。在这一背景下，借古开今，拥抱古老之美，将东方美学融入现代生活，成为一种审美取向。

5. 坚持可持续发展

可持续发展不仅包括住宅室内设计中环保材料、绿色工艺等方面的可持续性，还包括空间布局及设计的可持续性。灵活的家具布局和空间划分，能够实现空间的多样性，以适应不同的活动和需求，为空间的未来规划提供无限可能。图 1-2-18 所示为再生塑料、工业废料制作的家具，图 1-2-19 所示为灵活多变的模块化家具。

图 1-2-18　再生塑料、工业废料制作的家具

图 1-2-19　灵活多变的模块化家具

二、概念设计

1. 概念设计的界定

概念设计是由分析客户需求到生成概念产品的一系列有序的、可组织的、有目标的设计活动，它表现为由粗到精、由模糊到清晰、由抽象到具体的不断完善的过程。在住宅室内设计中，设计师通过设计前期阶段的周密调查与策划，分析出客户的具体要求及方案意图，联系项目目标、地域特征、文化内涵等，结合自身的专业素养、艺术修养等提出一系列设计想法，并在诸多的想法与构思上提炼出最优的设计概念。概念设计的主要工作过程：分析需求→拟定主题→形成初步方案。

2. 概念设计的特点

（1）创意的主导性

概念设计其实就是提出问题到解决问题的过程，其关键是解决问题，而解决问题的核心是创意。在人工智能高速发展的时代，创意创新能力和解决问题的能力是设计师需要具备的关键能力。

（2）表达的多样性

概念设计的表现形式和技法是多样的，其目的在于较好地表达出设计师的创意和解决方案。概念设计的表达形式不需要过于拘泥，更不能本末倒置。可以通过演示文稿、图纸、动画、视频、音频等多种形式进行演绎。

3. 概念设计的内容及要求

《室内装饰设计师国家职业标准（2023 年版）》对概念设计的工作内容、技能要求、相关知识要求进行了界定。以四级/中级工为例，概念设计相关内容及要求如表 1-2-8 所示。

表 1-2-8 概念设计相关内容及要求

工作内容	技能要求	相关知识要求
收集和整理设计资料	能按要求参与施工现场踏勘,整理记录现场情况及相关设计资料数据;能收集项目相关设计资料与信息;能整理分类项目资料与信息	常用办公软件应用方法;现场踏勘与测量知识;设计资料分类与信息检索方法
绘制空间与平面图纸	能用计算机辅助设计手段复原平面图、立面图、剖面图;能运用计算机软件绘制空间概念设计草图	室内空间与装饰、产品设计常识;计算机空间建模与渲染软件应用知识
协助开展项目相关专业①沟通	能按照商务规则协助进行设计沟通与交流;能记录项目相关专业沟通信息	建筑、空调、暖通、给排水、消防专业常识;商务沟通方法
协助编制阶段性成果	能分类整理阶段性成果所需资料;能按要求协助编辑概念设计阶段性成果的汇报文本;能复制、打印、上传、发送阶段性成果文本,准备汇报所需设备和资料;能记录成果汇报会上的反馈意见	常用图像图形编辑处理软件应用知识;常用排版软件应用知识

① 项目相关专业是指强弱电、暖通、给排水专业和消防系统。

三、方案设计

1. 方案设计的界定

完成概念设计,与客户沟通并初步修订后,即可进入方案设计环节。在方案设计环节,需要遴选主材、家具和配饰产品,为方案设计提供可选范围。方案设计需要提供方案设计说明、平面布置图、主要空间立面图、局部剖面细节大样、室内效果图、主要装饰材料实样、室内装饰工程造价概算等,并配合提供结构、景观、光学、声学、标识等配套方案。

图 1-2-20 至图 1-2-22 所示分别为方案设计阶段的墙体拆改平面图,平面布置图,主材、家具、配饰产品选用方案。

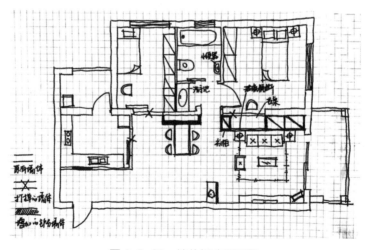

图 1-2-20 墙体拆改平面图

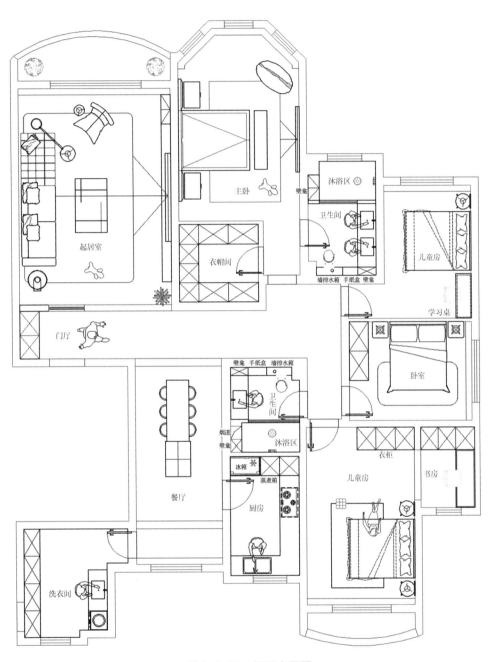

图 1-2-21 平面布置图

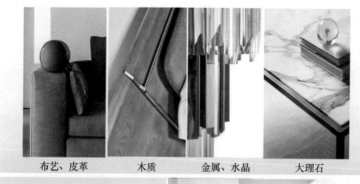

| 布艺、皮革 | 木质 | 金属、水晶 | 大理石 |

图 1-2-22 主材、家具、配饰产品选用方案

2. 方案设计的特点

（1）创意性

方案设计是极具创造性的阶段，设计作品代表了设计师的思想。随着人们在精神层面、情感层面的需求越来越高，设计作品需要通过富有创意的设计提升其内涵，使作品更具生命力和竞争力。

（2）综合性

方案设计是一个十分复杂的过程，它涉及设计师的知识水平、经验、灵感和想象力等，应综合考虑后续设计、施工、材料、设施、设备之间的协调和配套关系。

（3）可行性

设计的落地与实施是设计的根本目标。设计师需要根据项目任务书，运用已掌握的知识和经验，构思解决方案，选择合理、可行的材料、设备、工艺等，确保实现设计的可行性。

3. 方案设计的内容及要求

《室内装饰设计师国家职业标准（2023 年版）》对方案设计的工作内容、技能要求、相关知识要求进行了界定。以四级/中级工为例，方案设计相关内容及要求如表 1-2-9 所示。

表 1-2-9　　　　　　　　　　方案设计相关内容及要求

工作内容	技能要求	相关知识要求
绘制室内空间方案图纸	能按要求用计算机辅助设计手段绘制整体与局部平面图；能按要求用计算机辅助设计手段绘制立面图和剖面图	建筑室内制图原理；绘制立面图和剖面图的方法

续表

工作内容	技能要求	相关知识要求
收集主材及产品资料	能按要求收集整理主材、配饰产品资料及环保检测证明资料;能按要求遴选主材、家具和配饰产品,为方案设计提供可选范围	装饰材料与构造知识;绿色节能设计知识
协助项目相关专业间的设计协调配合工作	能按要求协助进行项目相关专业间的设计协调与配合工作;能做好项目相关专业沟通记录并形成文档	项目相关专业间的协调与配合方法
协助编制设计成果汇报文本	能按要求汇总方案设计成果所需全部资料;能按要求编制方案设计成果汇报文本并初步排版;能记录并整理设计汇报会议内容	方案设计成果汇报文本的编制方法;计算机图像图形编辑排版软件应用知识

四、扩初设计

1. 扩初设计的界定

扩初设计是介于方案设计和施工图设计之间的过程,它是方案设计的延伸。扩初设计一般需要提供平面图、立面图、剖面图,根据装饰构造、材料工艺特点进行深化设计,并提供界面装饰构造大样设计图、照明与陈设设计效果图等。

图 1-2-23 所示为扩初设计阶段的陈设设计。

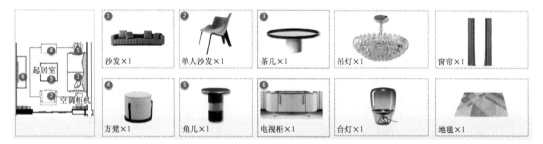

图 1-2-23 陈设设计

2. 扩初设计注意事项

进行扩初设计时,应注意以下事项:

① 是否符合项目任务书要求,设计文件的深度是否达到要求。

② 有无违反人防、消防、节能、抗震及其他相关设计规范和设计标准。

③ 审查空间布局、材料选用是否合理,能否满足施工条件等。

④ 审查扩初设计概算,有无超出计划预算。

3. 扩初设计的内容及要求

《室内装饰设计师国家职业标准(2023 年版)》对扩初设计的工作内容、技能要求、相关知识要求进行了界定。以四级/中级工为例，扩初设计相关内容及要求如表1-2-10所示。

表1-2-10   扩初设计相关内容及要求

工作内容	技能要求	相关知识要求
参与项目设计分析	能按要求参与整理分析项目信息，核实项目功能定位与设计特征；能按要求参与复核踏勘现场数据信息	室内空间功能分析方法
参与平面、立面与空间造型设计	能按要求用计算机辅助设计手段绘制平面图、立面图和空间表现图；能按要求参与优化平面功能布局，根据装饰构造、材料工艺特点进行深化设计	优化平面功能布局的方法；室内装饰空间装饰构造与材料工艺知识；深化设计的方法
参与界面装饰构造大样设计	能按要求根据施工工艺、构造与材料特征参与绘制主要界面装饰的构造大样；能按要求参与设计不同风格特征的装饰纹样；能参与按照材料和工艺技术要求进行深化设计；能按要求参与制作材料样板，编制主要材料控制文件	室内装饰材料与构造工艺知识；中外装饰风格与流派相关知识
参与照明与陈设设计	能按要求用计算机辅助设计手段表现室内照明与陈设设计效果；能按要求参与进行室内照明与色彩效果模拟，优化设计效果；能按要求参与编制照明和陈设指导性文件	照明与色彩专业术语和数据知识；国内外陈设艺术与时尚趋势；灯具、家具及陈设品品类
参与项目相关专业协调	能按要求参与空调、暖通、给排水专业和消防基础点位设计；能按要求参与项目相关专业配套节点深化设计	建筑设备与室内装饰配合知识；建筑物理环境（建筑声学、建筑光学、建筑热工学）专业与室内装饰配合知识
协助设计成果交付	能按要求协助编辑制作扩初设计图纸和控制性文件；能按要求参与交付扩初设计汇编成果并备份存档	扩初设计图纸和控制性文件的编辑制作方法；文件资料分类知识

✖ 任务实训

实训内容：

住宅室内方案设计。

实训要求：

① 结合前期调研成果，进一步收集相关资料，如设计意向、展板意向等。

方案设计阶段
任务实训

② 确定构思立意和风格定位，说明设计灵感来源，完成方案设计，具体要求如表1-2-11所示。

③ 结合前期分析汇报文本及优化后的设计意向，制作方案设计汇报材料，并进行方案设计汇报展示，具体要求如表1-2-12所示。

表 1-2-11　　　　　　　　　　　　　　方案设计内容及要求

序号	主要内容	相关要求
1	手绘一张室内平面布局草图	整体功能布局合理,流线顺畅、图面整洁
		按制图标准正确运用线型和线宽,线型分明,线宽合理
		正确绘制门窗、墙体,且符合制图要求
		按制图标准正确标注尺寸、比例
		合理标注文字说明和图名
		上色合理且材质表达准确,画面整体效果得当,能初步表现设计创意
2	手绘一张体现主题元素的色彩界面草图并附创意推导过程	装饰界面设计与位置符合整体方案设计效果,符合设计元素及思路
		绘制内容符合试题主题要求
		推导过程准确表达设计创意、主题设计及创新亮点
		图形线条及图形套色准确美观
3	使用 AutoCAD 软件绘制一张平面图	平面图绘制符合制图标准;图幅、比例选择合理;尺寸、文字注释合适;家具陈设尺度合理,符合人体工程学要求;图签、索引表达准确;图层设置合理,线型比例合适,线宽输出符合制图标准
4	根据设计方案完成主要室内空间效果图	整体方案紧扣设计主题
		模型创建完整、准确、精细并与整体设计方案相对应
		合理设置照明及灯光,效果图光线合理、曝光合适、清晰美观
		空间形体的结构、转折关系明确,家具以及空间装饰的造型、轮廓、体量关系表达清晰
		导出完整的、符合像素要求的效果图
		整体方案符合社会发展潮流,能够体现新材料、新工艺和新技术规范,体现绿色、科技和可持续发展要求
		能够按照要求命名文件,输出格式准确、保存路径正确

表 1-2-12　　　　　　　　　　　　　　实训汇报内容及汇报要求

序号	主要内容	相关要求
1	封皮	体现设计项目、设计人员,文本风格与设计风格相呼应
2	目录	主要包括前期分析的各项工作,包括但不限于以下内容:项目概况、设计定位、设计风格、拟解决的问题、设计图纸等
3	项目概况	主要包括家庭住宅区位、户型等情况,附手绘量房草图及相应的现场照片;梳理家庭成员的设计需求、生活习惯等分析结论
4	设计定位	结合调研分析,确定设计目标
5	设计风格	结合调研分析,确定设计风格,结合意向图进行展示说明
6	拟解决的问题	结合调研分析,列清需要解决的问题,并提供合理建议及解决方案
7	设计图纸	分空间进行设计展示,包括手绘图纸、AutoCAD 图纸、效果图及意向图

任务评价

实训评价标准如表 1-2-13 所示。

表 1-2-13　　　　　　　　　　实训评价标准

序号	评价项目	评价内容		分值	评价标准
1	学习态度	课前学习	能够自主完成课前学习任务，养成自主探索、持续提升的学习习惯	10分	通过网络教学平台系统进行课前学习成果、预习情况监测，平台综合打分
2	基本素质	职业素养	能够按照进程完成项目任务，学习态度端正，能够主动探索专业知识和专业技能；能够进行设计汇报，逻辑清晰，语言表达流畅；能够严格遵守相关实习、实训纪律，规范作业，安全操作	10分	各项内容每出现一处不完整、不准确、不得当处，扣1分，扣完为止
		团队协作	能够团队互助，协作完成工作任务，具有良好的沟通表达能力	10分	
3	任务实训	构思立意	推导过程准确表达设计创意、主题设计及创新亮点	10分	各项内容每出现一处不完整、不准确、不得当处，扣1分，扣完为止
		设计方案	风格定位、功能设计符合设计需求；设计规范，方案具有设计感，色调和谐，造型统一并富有变化	40分	
		设计汇报	团队协作，制作PPT，对概念设计成果进行汇报展示	20分	各项内容每出现一处不完整、不准确、不得当处，扣1分，扣完为止
总计				100分	

任务拓展

① 收集相关住宅室内设计案例。
② 收集资料，熟悉住宅室内设计常用的主材和辅材。
③ 收集资料，熟悉住宅室内设计施工流程及相关工艺。

任务三　施工图设计阶段

• 学习目标

1. 素质目标：培养学生爱岗敬业的工作作风，学习工匠精神，培养创新创业能力。

2. 知识目标：了解施工图的作用和原则；熟悉施工图的设计要求；掌握施工图绘制标准及绘制规范。

3. 能力目标：具备沟通能力和对客户设计需求的分析能力；具备住宅设计项目管理等实践能力；培养设计师岗位设计与施工管理能力。

- **教学重点**

施工图绘制规范及要求。

- **教学难点**

施工图设计注意事项。

- **任务导入**

施工图设计阶段在方案设计阶段之后，这一阶段应完成所有的设计施工图纸，包含图纸目录、说明以及必要的设备和材料表等，并按照要求编制工程预算书。

结合前期准备阶段、方案设计阶段的工作内容，完成黑龙江省哈尔滨市南岗区某公馆项目施工图设计，应特别注意施工图的规范性和准确性。

一、施工图的作用

施工图设计是住宅室内设计的重要阶段，这一阶段的工作主要是施工图的设计和绘制。通过图纸将设计者的意图和设计结果表达出来，并且作为现场施工的依据，施工图是设计工作和施工工作的桥梁。

图 1-2-24 所示为某项目原始测量图，该图纸提供了开间、进深、标高、门窗洞口等的尺寸及位置信息，是施工图设计的依据。

施工图要如实体现方案设计内容，保证创意效果，能够指导现场施工，保证施工工艺的可实施性，同时要为项目招投标工作提供依据。

二、施工图的设计原则

1. 规范性

施工图设计必须严格遵守国家、地区及行业的相关建筑规范和施工标准，确保图纸的合法性和规范性。

2. 准确性

施工图应准确无误地反映设计意图，包括建筑结构、尺寸、材料、布局等方面。施工图设计要确保图纸的准确性，避免出现失误而影响施工。

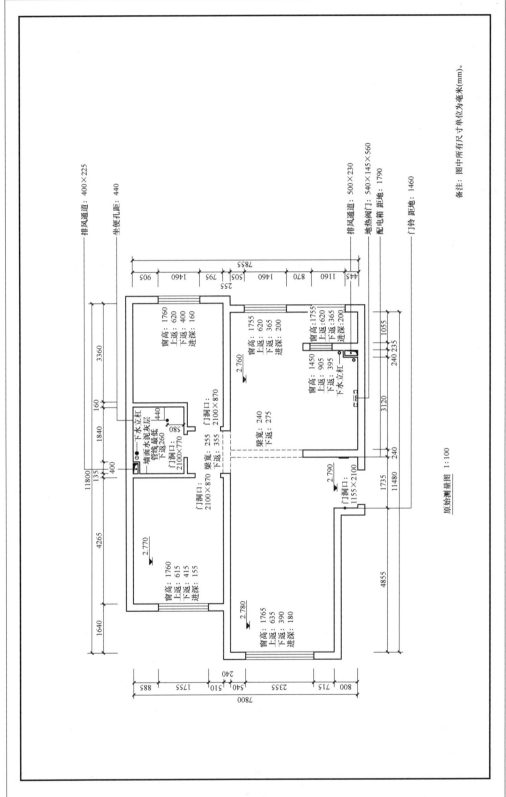

备注：图中所有尺寸单位为毫米(mm)。

原始测量图 1:100

图 1-2-24 某项目原始测量图

3. 可读性

施工图要具有良好的可读性，便于施工人员理解。施工图设计应使用规范、准确的标注和符号，减少过多的文字描述，确保图纸能够直观、清晰地表达设计意图。

4. 一致性

施工图的各个部分要保持一致，避免出现矛盾或冲突。施工图设计要注意图纸的各个细节，确保所有图纸的一致性，避免对施工造成干扰。

5. 可行性

施工图要具有良好的可行性，便于施工人员实际操作。施工图设计应考虑施工工艺和流程，合理安排图纸的布局和内容，确保施工过程顺利高效。

图 1-2-25 所示为某项目平面布置图，该图纸中各种尺寸及结构布置等都是依据相关标准及规范进行设计的，能够有效指导工人施工。

三、施工图的设计方法

施工图设计是住宅室内设计不可缺少的一部分，它直接关系到工程实施的效果。施工图设计过程中，应采用合理布局、合适比例、精确标注、全面展示等方法，以确保图纸的质量。

1. 合理布局

施工图的布局应合理有序，各个部分之间的关系清晰明了。可以使用不同的线型和颜色区分不同的元素，以便施工人员理解。

施工图的
设计方法

2. 合适比例

施工图的比例应合理选择，既要考虑图纸的清晰度，又要考虑图纸的尺寸。可以根据具体情况选择适当的比例，以确保图纸的完整性和可读性。

3. 精确标注

施工图标注应完整、精确、无误，包括尺寸、材料、构造等。要使用规范的标注方法，避免遗漏、模糊，以确保施工顺利进行。

4. 全面展示

施工图应从不同角度进行展示，包括平面图、立面图、详图等。要综合考虑建筑的各个方面，提供全面详细的图纸信息，以便施工人员全面操作。

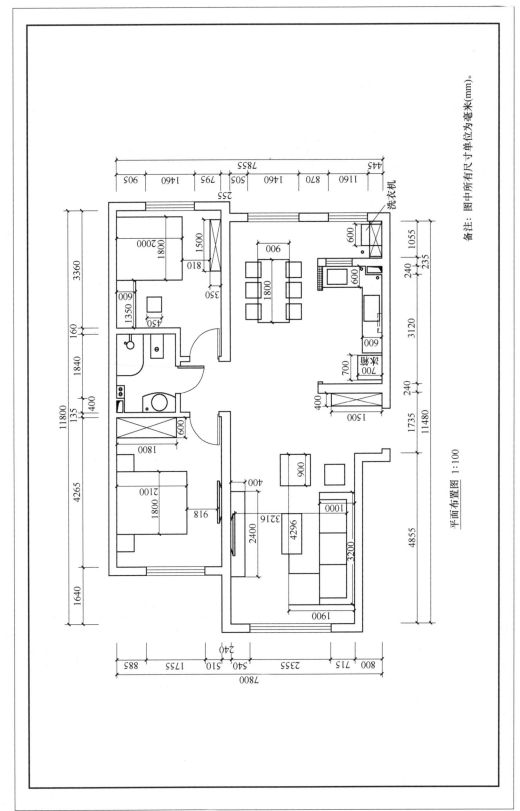

平面布置图 1:100

备注：图中所有尺寸单位为毫米(mm)。

图 1-2-25 某项目平面布置图

洗衣机

四、施工图的内容

住宅室内设计项目施工图主要由图纸封面、图纸说明、图纸目录、平面图、立面图、剖面图、详图等构成。图纸封面须注明工程名称、图纸类别、制图日期等；图纸说明须进一步说明工程概况、工程名称、设计单位、施工单位等内容；图纸目录应按照各部分内容的顺序编制。

住宅室内设计项目施工图图纸包括平面图、平面布置图、地面铺装图、顶棚平面图、室内立面图、剖面图、构造详图（顶棚构造详图、隔墙构造详图、特殊造型构造详图等）、家具详图、门窗详图和设计总说明及材料列表等。图纸的内容和数量可以根据工程的复杂程度进行增减。

五、施工图绘制要求

施工图案例

1. 平面图

（1）建筑原始平面图

建筑原始平面图是指经过现场勘测后，用于精准反映现有建筑空间结构的图纸，它是绘制设计图与施工图的基础和依据。绘制时，需要表达拟设计空间真实的、准确的、全部的面貌。

（2）墙体拆改平面图

墙体拆除平面图和墙体新建平面图可以合为一张图纸，称为墙体拆改平面图，用于表示对原建筑结构墙体及空间进行的设计改动。

2. 平面布置图

平面布置图是最重要、最核心的图纸之一，它用平面的方式展现空间的布置和安排，是传达设计理念、表现使用功能的图纸。平面布置图中的功能区域、交通组织及家具位置要根据居住者的要求确定。

3. 地面铺装图

地面铺装图也称为地坪材料图，主要表现地面材料的铺装形式、材质、色彩、图案、规格、文字说明及不同材料的平面定位和编号。

4. 顶棚平面图

顶棚平面图也称为天花布置图，是剖切后从下向上投射在水平投影面上所得到的图样。顶棚平面图除了需要绘制装饰造型与标注材料以外，还要有照明、空调、消防等相关设计内容。顶棚平面图还可以拆分为顶棚造型平面图、顶棚灯位图、顶棚放样图等图纸。顶棚造型平面图包括顶棚的造型、结构、材料、色彩、详细尺寸、施工工艺等；顶棚灯位图包括灯具的造型、位置、尺寸等；顶棚放样图包括顶棚造型的详细尺寸。

5. 室内立面图

室内立面图是用平行于室内墙面的切面将前面部分切去后所得到的正投影。室内立面图主要用于表现空间结构中竖直立面的效果，要清晰表达室内立面构件的尺寸、材料、工艺等。室内立面图要标明墙、柱、门窗的造型；标明楼板、梁及吊顶的造型及尺寸；标明室内吊顶的尺寸；标明家具、陈设在立面上的正投影；标注装饰材料的名称、色彩、材质、尺寸等文字说明；标注对细部做法、内部构造、材质要求、施工工艺要求、施工要点等的文字说明；标注图名、比例等；标注轴线符号、剖面符号、索引符号等。

6. 剖面图

剖面图表示室内立面、吊顶、地面装修材料的结构、轮廓等。剖面图绘制应全面、详细，为后续构造节点详图、大样图的绘制提供基础。

7. 详图

平面图、室内立面图等图纸是施工的主要图样，能够表示室内空间的形状、结构、尺寸等。然而，由于其绘图比例较小，许多局部的详细构造、尺寸、做法、施工要求等可能表示得不够详细。为了满足施工需要，某些部位尤其是较为复杂的部位，必须以较大比例的图样绘制才能清楚地表达。对于细部或构件，用较大的比例将其形状、大小、材料和做法按正投影图的画法详细地表示出来，得到的图纸称为详图（局部大样图）。

8. 平面电气图

平面电气图主要包括开关布置图、强弱电布置图（强电布置图、弱电布置图）、水路示意图等。

（1）开关布置图

开关布置图表示开关位置及其所控的灯具。开关用于切断和接通电源，主要包括单控开关、双控开关、转换开关、延时开关、感应开关等。设计开关时，应注意位置合理、数量合适，考虑到使用方便，不要将开关设置在门后。

（2）强弱电布置图

强弱电布置图主要包括电源插座、电视插座、电话插座和网线插座等布置情况。强电布置图主要标注电源插座；弱电布置图主要标注电视插座、电话插座和网线插座。电源插座用于给家用电器提供电源接口，需要根据电气设计规范及客户对日常电源接口的使用需求，合理安排和布置插座。

（3）水路示意图

水路示意图主要标注冷、热水的水管布置及出水口位置。室内给水排水工程是在保证水质、水压、水量的前提下，将净水经室外给水总管引入室内，并分别送到各用水点。

六、施工图设计注意事项

1. 平面图

① 比例。平面图绘制的常用比例有 1：50、1：100、1：150 等。

② 图线。平面图根据所表现的内容，区分线条的粗细，制图时尽量规范使用线型。

③ 图例。图例及符号依据国家制图标准。

④ 定位轴线。平面图需要有对定位轴线及其编号的描述。

⑤ 尺寸标注。平面图的尺寸应尽量详细、准确，需要标注的尺寸主要有外形尺寸、结构尺寸、轴线尺寸、定位尺寸、地坪标高等，标注尺寸至少二级标注。

⑥ 文字标注。平面图需要有文字标注，对材质、标高、功能区、索引符号等进行简要、准确的文字描述。

2. 室内立面图

① 室内立面图要与平面图、效果图对应一致。

② 比例。室内立面图绘制的常用比例有 1：20、1：30、1：40、1：50、1：100 等。

③ 图线。立面外轮廓线为粗实线，门窗洞口、立面墙体的转折等为中实线，装饰线脚、细部分割线、家具等为细实线。

④ 定位轴线。室内立面图的中轴线号与平面图对应。

⑤ 标注。室内立面图应详细标注尺寸以及装饰材料的名称、色彩等文字说明。

3. 剖面图

① 比例。剖面图绘制的常用比例有 1：20、1：30、1：40 等。

② 图线。粗实线用于绘制顶面、地面、墙面的外轮廓线，中实线绘制立面转折线、门窗洞口等，填充分割线可用细实线绘制，活动家具及陈设可用虚线表示。

③ 图例。门窗、设备等位置可用图例表示，索引符号的绘制依据国家制图标准。

④ 定位轴线。剖面图的中轴线号与平面图对应。

⑤ 尺寸标注。高度尺寸标注包括空间总高度、门高度、窗高度、各种造型的高度、材质转折面高度及开关和插座的高度；水平尺寸标注包括承重墙、柱的定位轴线间的尺寸，门窗洞口的间距及造型尺寸、材质转折面的间距。

⑥ 文字标注。材料文字或材料编号文字不要超过尺寸标注界线；剖面图编号需要与平面索引相对照，标注图名及图纸比例。

4. 详图

① 比例。构造节点详图依据节点大小及复杂程度，一般采用 1∶1、1∶2、1∶5、1∶10、1∶20、1∶25、1∶30、1∶50 等比例。

② 图线。粗实线绘制轮廓，中实线绘制内部形体的外轮廓，细实线绘制材质填充。

③ 图例。材质图例依据国家制图标准确定。

④ 标注。尺寸标注和文字标注要尽量详细、准确。

七、签订合同

施工图设计和预算报价完成后，与客户充分沟通并得到其认可后，与客户签订《装饰装修工程施工合同》。安排客户交纳首期款，签约后应将合同交至公司相关部门审核，以便安排后续设计施工。

✖ 任务实训

实训内容：
绘制黑龙江省哈尔滨市南岗区某公馆住宅室内施工图。

实训要求：
结合本项目方案设计开展施工图绘制，并进行施工图设计汇报展示，具体要求如表 1-2-14 所示。

施工图设计阶段
任务实训

表 1-2-14　　　　　　　　　　　施工图设计内容及要求

序号	主要内容	相关要求
1	使用 AutoCAD 软件绘制平面图、平面布置图、顶棚平面图	平面图绘制符合制图标准；图幅、比例选择合理；尺寸、文字注释合适；家具陈设尺度合理，符合人体工程学要求；图签、索引表达准确；图层设置合理，线型比例合适，线宽输出符合制图标准
		顶棚平面图绘制符合制图标准；顶面造型表达准确；尺寸、注释、比例准确；材料、灯具表达清晰；图案填充比例合适；图层设置合理，线型比例合适，线宽输出符合制图标准
2	使用 AutoCAD 软件绘制各空间立面图	立面图绘制符合制图标准；图幅、比例选择合理；尺寸、文字注释合适；家具陈设尺度合理，符合人体工程学要求；图签、索引表达准确；图层设置合理，线型比例合适，线宽输出符合制图标准

续表

序号	主要内容	相关要求
3	使用 AutoCAD 软件绘制构造节点详图	构造节点详图绘制符合制图标准;所绘设计内容及形式应与方案设计图相符;构造节点应能绘制出平面图、顶棚图等需要进行特殊表达的部位,应标识剖切部位的装饰装修构造各组成部分之间的关系;建筑尺寸、构造及定位尺寸、详细造型尺寸标注准确;装饰材料的种类、图名比例等注释正确;轴线、标高符号等绘制准确;图纸比例、图幅设置合理,符合制图规范;填充图例说明准确;图层设置合理,线型比例合适,线宽输出符合制图标准
4	编写主材清单	材料表列项包括序号、材料编号、材料名称、材料规格、防火等级、特征描述、使用部位、备注等内容
		材料编号与材料名称对应且符合规范要求
		材料规格准确且符合市场实际尺寸规格
		材料防火等级正确且符合空间实际使用需求规范
		材料使用部位描述准确、完整

任务评价

实训评价标准如表 1-2-15 所示。

表 1-2-15　　　　　　　　　　　　　　实训评价标准

序号	评价项目		评价内容	分值	评价标准
1	学习态度	课前学习	能够自主完成课前学习任务,养成自主探索、持续提升的学习习惯	10分	通过网络教学平台系统进行课前学习成果、预习情况监测,平台综合打分
2	基本素质	职业素养	能够按照进程完成项目任务,学习态度端正,能够主动探索专业知识和专业技能;能够进行设计汇报,逻辑清晰,语言表达流畅;能够严格遵守相关实习、实训纪律,规范作业,安全操作	10分	各项内容每出现一处不完整、不准确、不得当处,扣1分,扣完为止
		团队协作	能够团队互助,协作完成工作任务,具有良好的沟通表达能力	10分	
3	任务实训	平面图绘制	平面图绘制符合制图标准;家具陈设等尺度合理,符合人体工程学要求	20分	各项内容每出现一处不完整、不准确、不得当处,扣1分,扣完为止
		立面图绘制	立面图绘制符合制图标准;家具陈设等尺度合理,符合人体工程学要求	20分	

续表

序号	评价项目	评价内容		分值	评价标准
3	任务实训	构造节点详图绘制	构造节点详图绘制符合制图标准;所绘设计内容及形式应与方案设计图相符;构造节点应能绘制出平面图、顶棚图等需要进行特殊表达的部位,应标识剖切部位的装饰装修构造各组成部分之间的关系	20分	各项内容每出现一处不完整、不准确、不得当处,扣1分,扣完为止
		编写主材清单	材料表列项完整,材料编号与材料名称对应且符合规范要求;材料规格、材料防火等级、材料使用部位描述准确、完整	10分	
总计					100分

任务拓展

① 熟知施工图的制图标准及规范,完成项目顶棚放样图、平面电气图、详图的绘制。

② 探究施工现场技术交底的流程,制作不同验收阶段表格。

③ 预习设计实施及后期服务阶段内容,利用课余时间到项目施工现场进行见习,并撰写见习报告。

任务四 设计实施及后期服务阶段

• 学习目标

1. 素质目标:引导学生树立正确的艺术观和创作观;培养良好的职业道德;培养团队协作能力。

2. 知识目标:了解设计师在设计实施阶段的工作任务;熟悉工程验收的要求;熟悉后期服务阶段的工作内容;掌握施工现场技术交底的内容及流程。

3. 能力目标:能够进行技术交底和现场跟进;具有解决客户问题的能力;能够完成工程验收及后期服务工作。

• 教学重点

施工现场技术交底的内容。

• 教学难点

施工跟进及工程验收的要求。

• **任务导入**

设计实施阶段即工程的施工阶段。住宅室内工程在施工前，应由设计人员向施工单位进行设计意图说明及图纸的技术交底；工程施工期间，须按图纸要求核对施工实况，有时还需要根据现场情况提出对图纸的局部修改或补充意见；施工结束时，会同质检部门和建设单位进行工程验收。

结合住宅室内设计前期准备阶段、方案设计阶段、施工图设计阶段的工作内容，收集项目设计案例，分析总结设计实施及后期服务阶段工作内容及要求。

一、技术交底

施工技术交底是指在项目工程开工前，或一个分项工程施工前，由相关专业技术人员向参与施工的人员进行的技术性交代。其目的是使施工人员对工程技术质量要求、施工方法与措施、施工安全等方面有一个详细的了解，以便于科学地组织施工，避免因施工质量问题导致的安全事故。各项技术交底记录也是工程技术档案资料中不可缺少的部分。

施工技术交底

施工现场技术交底一般由设计师、客户、工程监督（监理）、施工负责人和主要的技术工人共同参与。设计师提供完整的设计图纸，向施工相关人员详细讲解设计方案、施工工艺要求及施工安全要求。

某项目技术
交底图纸

技术交底一般包括设计交底、施工技术交底和安全交底。

1. 设计交底

设计交底时，设计师应根据图纸要求，交代空间的功能、特点、设计意图、设计要求等，对设计风格、整体色彩、设计亮点、施工节点部位等做详细说明，明确施工图纸的范围、施工图纸所达到的图纸深度及需要现场再深化设计的内容。设计交底一般包括图纸设计交底和施工设计交底。

（1）图纸设计交底

图纸设计交底是指在建设单位的主持下，由设计单位向各施工单位、监理单位以及建设单位进行的交底。主要交代建筑物的功能与特点、设计意图与施工过程控制要求等。具体包括施工现场的自然条件；设计主导思想、建设要求与构思；使用的规范；基础设计、主体结构设计、装修设计、设备设计等；对基础、结构及装修施工的要求；对新材料、新技术、新工艺的要求；施工中应特别注意的事项等。

（2）施工设计交底

施工设计交底包括对施工范围、工程量、工作量和实验方法的要求；施工图纸的解说；施工方案措施；操作工艺和保证质量安全的措施；技术检验和检查验收要求；其他施工注意事项等。

设计交底的注意事项

① 设计单位应提交完整的施工图纸，各专业相互关联的图纸必须提供齐全、完整，图纸会审不可遗漏，即使施工过程中另补的新图也应进行交底和会审。

② 在设计交底与图纸会审之前，建设单位、监理单位及施工单位和其他有关单位必须事先指定主管该项目的有关技术人员看图自审，初步审查本专业的图纸，进行必要的审核和计算工作。

③ 设计交底与图纸会审时，设计单位必须派负责该项目的主要设计人员出席；进行设计交底与图纸会审的工程图纸，必须经建设单位确认，未经确认不得交付施工。

④ 应注意设计图纸与说明书是否齐全、明确，标高、尺寸、管线等交叉连接是否相符；图纸内容、表达深度是否满足施工需要；施工中所列各种标准图册是否已经具备。

⑤ 应注意施工图与设备、特殊材料的技术要求是否一致；主要材料来源有无保证、能否代换；新技术、新材料的应用是否落实。

⑥ 应注意土建结构布置与设计是否合理；是否与工程地质条件紧密结合。

⑦ 应注意设计单位设计的图纸之间有无相互矛盾；各专业之间，平、立、剖面图之间，总图与分图之间有无矛盾；预埋件、预留孔洞等设置是否正确。

⑧ 应注意施工安全、环境卫生有无保证；防火、消防设计是否满足有关规范要求。

⑨ 应注意建筑与结构是否存在不能施工或不便施工的技术问题；是否存在导致质量、安全性降低或工程费用增加等问题。

2. 施工技术交底

施工技术交底要确认需要施工的具体项目，明确施工范围、工程量和施工进度要求，检查施工前现场存在的问题，对各个施工项目的通用做法或细部处理、施工措施、操作工艺、材料规格等进行说明。

3. 安全交底

安全交底是对现场施工人员进行安全教育，对施工现场的安全作业、防火措施等提出要求。应严格按照相关安全标准进行施工，如《建筑施工安全检查标准》(JGJ 59—2011)、《建筑与市政工程施工现场临时用电安全技术标准》(JGJ/T 46—2024)、《建设工程施工现场供用电安全规范》(GB 50194—2014)、《建筑拆除工程安全技术规范》(JGJ 147—2016) 等。

二、施工跟进

1. 设计变更

设计变更是指对原施工图纸和设计文件中所表达的设计内容进行改变和修改。设计变更的原因主要有以下几种：

①因设计师工作疏漏所造成的漏项及图纸错误、图纸尺寸与现场不符等，需要对原施工设计进行修改或补充。

②因客户的装修资金投入或设计想法发生变化，需要更改设计内容或装修材料。

③因供应商的材料或设备缺货，需要更换新材料或设备，需要重新确定材料的尺寸、品牌或设备的型号。

④施工单位因工程进度、施工质量的需要，对施工工艺及施工图的节点、尺寸进行调整。

以上问题都会导致工程设计的变更或调整，并造成施工项目、工程造价等发生变化。任何设计及施工变更都要经过客户、设计师及施工单位的协商，在意见统一后由设计师变更图纸并填写"设计变更单"，如图 1-2-26 所示，由客户、设计师、监理、项目经理共同签字后才可以实施。

2. 现场跟进

施工现场跟进是设计师的一项重要工作，一般在合同中会有明确的次数规定，通常为 3~5 次。但实际上，为了保证装修效果及施工质量，使施工顺利进行，设计师到施工现场的次数往往会超过 5 次。施工图纸交给施工单位后，施工人员会仔细研读图纸，就图纸存在的问题及不明白的地方与设计师沟通，由设计师进行答疑。在施工过程中，部分重要设计内容还需要设计师到施工现场解决。

3. 绘制竣工图

竣工图不仅是施工费用决算的依据，还是公司及客户存档的资料。工程完成后，要依据最后的装修工程状况绘制竣工图，施工过程中设计与材料的变更情况应在竣工图中清晰表达。

4. 常用施工技巧

（1）墙地面防水

防水厚度不小于 1.5mm，卫生间湿区的墙面防水高度不低于 2000mm，干区的墙面防水高度不低于 500mm，且高于该区域所有给水点位置 100mm。

（2）地面排水

定位地漏时须提前做好地面排版，实地放线，尽量设置在靠近下水管处。地漏、排水管口径须符合排水流量要求，排水管须设置 P 弯。地面找坡符合排水要求，找坡率应为 0.3%~0.5%。

（3）墙面石材

墙面石材采用湿挂灌浆工艺，石材墙面横缝须根据人体的视线高度排布。

住宅装饰装修工程变更单

编号：字第			
变更内容	原设计（原预算）	新设计	增减费用

详细说明：

以上项目变更合计：增加　　　　元

注：若变更内容过多请另附说明

申方代表（签章）：　　　　　　　　　乙方代表（签章）：

年　月　日　　　　　　　　　　　年　月　日

住宅装饰设计方案变更确认单

变更内容：

尊敬的　客户您好：

依据　　　　号《设计服务合同》的约定及您的要求，设计师　　对您确认后的原设计方案进行第　次设计变更。变更后的设计方案符合您的设计要求并得到您的认可，变更后的设计施工图纸共　　张，施工图纸于　年　月　日向您提交。感谢您对我们工作的支持。

如以上填写无误，请您签字确认：

年　月　日

图 1-2-26　设计变更单

（4）地面石材

地面石材应按照六面防护要求，所有石材外露切割面必须进行抛光处理，地面石材铺装完成后应进行结晶或密封处理。

（5）吊顶施工

采用成品检修孔，规格满足检修要求。吊杆应采用热镀锌成品螺纹杆，间距不大于800~1000mm（视具体情况而定），吊杆长度大于1500mm，采用60系主龙骨或30mm×30mm热镀锌角钢做反支撑加固处理。

（6）石膏板隔墙

隔墙开关盒处内衬50系副龙骨，以便自攻螺钉固定开关盒。隔墙隔音棉按照项目实际情况确定。

（7）门套施工

基层板根部应与门槛石面留缝约20mm，缝隙用柔性防水胶泥填实；木饰面板根部应与门槛石面留缝约2~3mm，以防止水汽渗入门套内引起油漆饰面变形发霉。门框木质基层应经过防火、防腐、防潮三防处理。

（8）地板施工

木地板靠墙处要留出9mm空隙，以利于热胀冷缩。地板和踢脚板相交处若安装了封闭木压条，则应在木踢脚板上留通风孔。房间内光线进入方向为木地板的铺设方向。地板与大理石围边交接处预留3mm地板伸缩缝，采用与地板同色系的耐候胶填缝。

（9）电视机背景墙加固

若安装电视机等，则应采用18mm多层板加固背景墙。

（10）灯具安装

灯具总重量小于75kg，应采用双层18mm多层板加膨胀螺栓四点固定的方式连接在结构板或梁上。灯具总重量在75~150kg，应采用化学锚栓或其他可靠方式在结构板或梁上设置挂钩，挂钩宜采用L60mm×6mm镀锌角钢。

（11）面板安装

同类面板标高应一致。同一空间内的同类面板高差不应大于5mm，在同一面墙上时不应大于3mm；并列安装的同规格面板高差不应大于1mm，且间距一致。安装在同一室内的开关，宜采用同一系列的产品，开关的通断位置应一致，且操作灵活、接触可靠。开关边缘距套线距离宜为150mm，下口距地面高度宜为1300mm。

三、工程验收

1. 中期验收

一般在木工工程完成后，由客户、设计师、工程监理和施工负责人共同到现场进行中期验收。客户在中期验收后交纳中期款，以确保后续施工顺利进行。

2. 竣工验收

工程完工当日，由施工负责人召集设计师、工程监理、客户共同到现场进行竣工验收，如图 1-2-27 所示。客户在竣工验收后 3 日内交纳尾款。

(a) 阴阳角误差检验

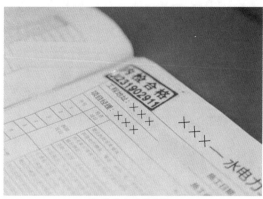
(b) 验收合格后盖章

图 1-2-27　竣工验收

四、客户维护

住宅室内工程竣工后，施工单位和设计单位应开具保修单，并且将竣工图、造价决算书、工程变更单、设计图册等资料归档整理。在保修期内，应每两个季度对客户进行一次回访，如发现问题，应及时协商解决，做好客户维护工作。

❎ 任务实训

实训内容：
设计实施阶段工作分析。

实训要求：

① 结合施工现场、装饰市场、网络等途径收集施工阶段的案例，具体要求如表 1-2-16 所示。

表 1-2-16　　　　　　　　　　　　施工阶段及相关要求

序号	施工阶段	相关要求
1	技术交底	结合案例，梳理设计交底、施工技术交底、安全交底等相关内容及规范要求
2	施工跟进	结合案例，梳理设计变更、现场跟进、竣工图绘制等工作要求及标准
3	工程验收	结合案例，梳理各阶段验收标准

② 总结设计实施、客户交流的要点与技巧。

③ 归纳设计师在设计实施及后期服务阶段的工作。

④ 制作 PPT，模拟工作环境进行汇报展示，具体要求如表 1-2-17 所示。

表 1-2-17　　　　　　　　　　　　　　实训 PPT 及汇报要求

序号	主要内容	相关要求
1	封皮	体现设计项目、设计人员，文本风格与设计风格相呼应
2	目录	主要包括设计实施及后期服务阶段各项工作，包括但不限于以下内容：技术交底、施工跟进、工程验收、要点梳理、感悟总结等
3	技术交底	主要包括设计交底、施工技术交底、安全交底等相关内容及规范要求；梳理施工安全常识
4	施工跟进	主要包括设计变更、现场跟进、竣工图绘制等工作要求及标准；结合案例，梳理常用施工技巧
5	工程验收	主要包括中期验收、竣工验收的相关内容及验收标准
6	要点梳理	归纳设计师在设计实施及后期服务阶段的工作，总结设计实施、客户交流的要点与技巧
7	感悟总结	结合前期准备、方案设计、施工图设计、设计实施及后期服务阶段各项工作过程的学习，总结阶段学习收获，分享感悟及职业规划愿景

任务评价

实训评价标准如表 1-2-18 所示。

表 1-2-18　　　　　　　　　　　　　　实训评价标准

序号	评价项目		评价内容	分值	评价标准
1	学习态度	课前学习	能够自主完成课前学习任务，养成自主探索、持续提升的学习习惯	10 分	通过网络教学平台系统进行课前学习成果、预习情况监测，平台综合打分
2	基本素质	职业素养	能够按照进程完成项目任务，学习态度端正，能够主动探索专业知识和专业技能；能够严格遵守相关实习、实训纪律，规范作业，安全操作	10 分	各项内容每出现一处不完整、不准确、不得当处，扣 1 分，扣完为止
		团队协作	能够团队互助，协作完成工作任务，具有良好的沟通表达能力	10 分	
3	任务实训	设计实施阶段工作分析	分析全面，体现职业性和专业性	20 分	各项内容每出现一处不完整、不准确、不得当处，扣 1 分，扣完为止
		案例选择	项目设计案例具有典型性和代表性	20 分	
		文本制作	汇报文本内容完整，逻辑清晰，排版美观	20 分	
		汇报展示	语言表达清晰流畅，具备设计师的基本素质	10 分	
总计				100 分	

任务拓展

① 完成住宅室内设计工作流程的分析与总结，从乙方角度进行汇报。

② 探究住宅室内设计的要素及设计要点。

③ 预习住宅空间与人体工程学内容，熟悉主要空间、家具、人体等尺寸。

模块二

住宅室内元素设计

住宅室内要素设计

项目介绍	住宅空间是人们日常生活中最为密切的环境之一，它直接影响着居住者的身心健康和生活质量。随着人们对生活品质的要求不断提高，住宅空间的设计也越来越注重人与空间要素的应用。住宅空间与人体工程学的关系密切，合理的空间布局、家具选择、照明应用、色彩搭配可以提高居住者的舒适度和生活质量。在住宅室内要素设计中，应该充分了解人体工程学的原理和方法、不同类型空间的特点、各界面的形态、家具陈设的选择、照明灯具的应用、色彩的搭配等，为居住者创造一个既美观又实用的生活空间。住宅室内设计是一个不断完善空间布局规划和提高人们生活水平的过程，在这个过程中，需要考虑多种要素，应该符合空间的功能需求和个人的审美。

任务一 住宅空间与人体工程学

● **学习目标**

1. 素质目标：正确合理地进行住宅空间设计，注重审美与个性化，尊重居住者的文化背景和社会习惯。

2. 知识目标：了解住宅室内人体工程学相关知识；理解并熟悉住宅室内空间人体工程学的应用；掌握人体工程学人性化设计方法。

3. 能力目标：确保居住者在家中移动时的舒适性和流畅性；强调"以人为本"的原则，注重人与人、人与社会的协调；运用创新思维解决设计中遇到的问题，创造出既美观又实用的住宅空间。

● **教学重点**

住宅室内空间常用尺寸。

● **教学难点**

住宅空间人体工程学尺度关系。

● **任务导入**

人体工程学是确定人与人之间以及人在室内活动所需空间的主要依据。根据人体工程学中的有关设计，从人的尺度、活动区域等方面确定空间范围，确定家具、设施的形体、尺度和使用范围，提供适应人体的室内环境参数。

本项目位于黑龙江省哈尔滨市道里区某小区，户型为三室两厅一卫一阳台。客户是六口之家，三代同住，业主夫妇34岁，有一对7岁的双胞胎儿子，男主人父母与其共同居住，父亲67岁、母亲60岁。客户要求设计能够满足全家人的使用需求，比较喜欢新中式风格。

本任务将根据所给的项目信息、客户信息，进行设计前期准备工作，收集各空间人体工程学相关资料，绘制陈设元素草图。

一、空间

空间是室内设计中最基本的要素。通过对建筑物内部空间进行划分，能够从功能上使得空间更加系统和完善。住宅空间的类型按照空间状态可分为封闭空间与开敞空间、静态空间与动态空间、固定空间与可变空间。

1. 封闭空间与开敞空间

封闭空间是严密围合的空间，具有一定的私密性。与之对应的是开敞（开放）空间，它比较弱化部分空间的功能性，具有接纳性和较强的交流性。

2. 静态空间与动态空间

静态空间的特点是静止平稳、安全、宁静，如卧室、书房。动态空间具有流动性，如楼梯、活动室。

3. 固定空间与可变空间

固定空间指的是功能明确、固定使用的空间，如厨房。可变空间具有灵活性、可变性，如隔断分隔。

二、空间分隔

1. 绝对分隔

绝对分隔是指利用实体墙将空间进行划分。这种分隔方式缺少可变性，空间不可以随人的需求而变化，但它具有良好的私密性和固定性，是必要的分隔方式。

2. 相对分隔

相对分隔是指用半封闭的形式分隔空间，使空间和空间之间既有分隔又有联系，可以利用矮墙、家具、屏风、帷幔等进行空间的灵活分隔。这种分隔方式会减少空间的私密性和安全性，却会增加空间的可变性、通透性、开放性和流动性，使得空间隔而不断，增加空间的层次感，丰富空间的形态。

三、人体工程学

人体工程学在设计中的应用和数据考量至关重要。它是以人—机—环境关系为研究对象，以实测、统计、分析为基本研究方法，应用多种学科的原理和方法发展起来的一门学科。人体工程学为室内设计提供了科学依据，通过对人体结构特征和机能的研究，可以更好地考虑人的因素和人的活动范围，从而创造出与人的生理和心理机能相协调的家具尺寸、室内环境等。人的活动范围如图 2-1-1 所示。

1. 人体工程学的内容

（1）人体比例和尺寸

人体工程学应考虑人体的不同部分，如头部、躯干、四肢等，以及它们之间的相对比例和尺寸。这有助于更好地理解人体结构和功能，从而在设计中考虑人的因素。

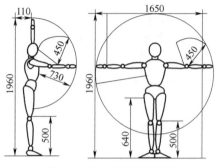

图 2-1-1　人的活动范围

（2）人体姿势和动作

人体工程学应考虑人体在不同姿势和动作下的状态，如站立、坐、躺等。这有助于了解人体在不同状态下的需求和限制，从而为设计提供指导。

（3）人体与家具或设备

人体工程学应注意人们在使用沙发、桌子、电脑等家具和设备时的姿势和动作。这有助于在设计中考虑人体与家具或设备之间的协调性和舒适性。

（4）人体工程学原理和设计概念

熟悉人体工程学的原理和设计概念，如人体力学、生物力学、热力学等，有助于更好地理解和应用人体工程学原理，从而创造出更符合人体需求的室内设计。随着现代设计的发展，人体工程学的应用越来越广泛，这意味着在未来的设计中，需要更加深入地理解和应用人体工程学的原理，确保设计作品真正符合人的需要，体现出对人的尊重和关怀。

2. 人体工程学与室内设计

进行住宅室内设计时，要测定出人们在使用各种家具、设备以及从事各种活动时所需空间范围的面积、体积与高度等，还应清楚空间的使用人数，充分利用空间，设计出符合人们使用需求的住宅环境。

3. 人体尺寸

人体尺寸是所有涉及与人有关的设计的首要问题，也是最基础的问题。人体尺寸可以分为两类，即构造尺寸和功能尺寸。

（1）构造尺寸

构造尺寸是指静态的人体尺寸，它是在人体处于固定的标准状态下测量的，可以测量如手臂长度、腿长度等。

（2）功能尺寸

功能尺寸是指动态的人体尺寸，包括在工作状态或运动状态中的尺寸，它是人在进行某种功能活动时肢体所能达到的空间范围，在动态的人体状态下测得。它是由关节的活动、转动所产生的角度与肢体的长度协调产生的范围尺寸。

4. 特殊人群人体工程学

（1）乘坐轮椅人群

人体工程学设计需要考虑乘坐轮椅对四肢活动带来的影响等因素，重点在于确定手臂能够自然触及的距离。要求将人和轮椅一并考虑，做出合理实用的设计。

（2）能走动的残疾人

对于能走动的残疾人，考虑他们使用手杖、拐杖、助力车、支架等帮助走路，这些辅助设备是其人体功能需要的一部分。在设计过程中，除了应知道一些人体测量数据之外，还应将这些辅助设备当作一个整体进行考虑。在现实生活中，一些老年人群体，由于身体功能的退化使其行为能力受到限制，也需要借助无障碍设施，设计时应重点考虑。

四、住宅空间人体工程学

住宅空间与人体
工程学的关系

人体工程学与住宅空间关系紧密，它涉及人们日常生活中的舒适性和健康性。从人体工程学的角度出发，可以更高效、安全、健康地设计和规划住宅空间。因此，住宅空间的设计应充分考虑人在居住环境中的行为尺度和功能需求，利用人体工程学知识为人们打造一个既舒适又高效的生活空间。下面介绍住宅空间常用的人体工程学尺寸。

1. 玄关

（1）过道

玄关过道尺寸一般在1200mm左右比较舒适，这个尺寸是依据人体的肩宽设计的。人的肩宽一般在400mm左右，加上两边预留间隙共600mm时人体就能正常通过，因此当两个人并肩通过时需要1200mm。当然，在空间尺寸有限的情况下，该尺寸可以适当调整。

（2）鞋柜

鞋柜是玄关的重要家具之一。随着人们生活水平的提高，由最初的单一造型鞋柜演变成现在不同款式和材质的鞋柜，如木质鞋柜、电子鞋柜、消毒鞋柜等，其功能也各不相同。鞋柜的深度尺寸是根据人体脚的大小进行设计的，一般成年人鞋子的尺寸为240~300mm，所以通常将鞋柜的柜体深度设置为300~350mm。

鞋柜一般分为矮柜和高柜，矮柜一般高800~900mm，高柜一般高2100~2400mm。

2. 起居室

（1）沙发

起居室沙发等座椅多为软体类家具，单人沙发总长为800~1100mm，双人沙发总长为

1300~1850mm，三人沙发总长为1800~2200mm；各种沙发总宽为800~1000mm；总高为350~720mm；其中座高为350~400mm。不论沙发处于何种形式，它的尺寸始终是围绕人体的身体结构及生活方式而展开设计的。图2-1-2所示为沙发尺寸示例。

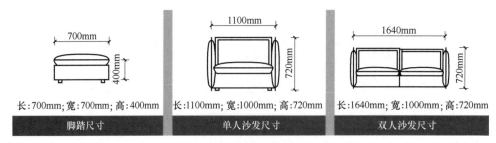

长：700mm；宽：700mm；高：400mm   长：1100mm；宽：1000mm；高：720mm   长：1640mm；宽：1000mm；高：720mm

脚踏尺寸   单人沙发尺寸   双人沙发尺寸

图2-1-2　沙发尺寸

（2）茶几

茶几常用尺寸：长为1200~1350mm；宽为600~750mm；高为380~500mm。

（3）电视柜

电视柜的长度可根据电视尺寸或背景墙形式确定。宽度为400~500mm；高度应保证屏幕中心位于自然视线附近，一般为300~600mm。

（4）座位高度

座位高度十分重要，应根据工作面高度确定座位高度。决定座位高度的核心因素在于维持人体肘部与工作面之间的适宜距离，一般为275mm±25mm。在这个距离内，大腿的厚度占据了一定高度。

（5）座位深度

座位深度应取决于座位的类型。座位的深度要适中，过深可能导致无法舒适地倚靠靠背。座位深度通常在375~400mm为佳。基于对不同座位设计舒适度的综合考量，对于多用途座位，其深度不能超过430mm，座位面宽度不能小于400mm，两扶手之间的最小距离为475mm，从而确保不会妨碍手臂的运动。有扶手的座位，扶手高度在椅面以上200mm为宜。

表2-1-1所示为可调节座椅的尺寸参数。

表2-1-1　　　　　　　　　　　　可调节座椅的尺寸参数

座椅参数	设计值	说明
座椅高度/mm	400~520	过高则压迫大腿，过低则使椎间盘压力增大
坐垫深度/mm	380~430	过深则抵压膝弯部，应使用弧曲轮廓
坐垫宽度/mm	≥462	过胖人群推荐用较宽值
座面倾角/(°)	−10~10	前部朝下倾斜时，座椅面料必须有更大的摩擦力
相对于座面的靠背角/(°)	>90	>105°最好，但需要调整工作台
靠背宽度/mm	305	在腰部处测量
腰靠/mm	150~230	从座面到腰靠中心的垂直高度

表2-1-2所示为凳子的尺寸参数。

表 2-1-2			凳子的尺寸参数					单位：mm	
参数	工作用	休息用	普通用（大）	普通用（中）	普通用（小）	长凳	小凳	吧凳	
长	350~390	430~450	400	360	340	1000~1500	260	300~380	
宽	350~380	420~450	280	280	265	140	160	300~420	
高	340~390	340~390	480	440	420	480	240	800	

3. 厨房

厨房的最小面积通常为 5m² 左右，最短操作净长为 2.1m，单排操作净宽不小于 1.5m，双排操作不小于 1.9m。常见厨房布局有一字形、L 形、U 形、岛台等，如图 2-1-3 所示。

图 2-1-3　常见厨房布局

（1）操作台

如图 2-1-4 所示，厨房操作台长度可根据实际情况而定。宽度为 500~600mm；高度为 780~800mm。

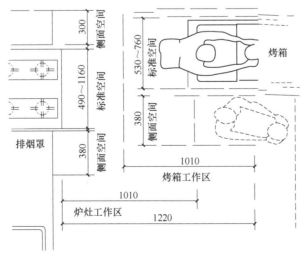

图 2-1-4　操作台尺寸

（2）橱柜

如图 2-1-5 所示，橱柜长度可根据空间而定。地柜高度一般在 850mm 左右为宜，宽度根据操作台的宽度确定；吊柜高度在 500~800mm，宽度一般不小于 300mm，但应小于案台宽度。橱柜高度可根据室内高度确定。

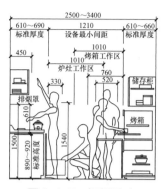

图 2-1-5　橱柜尺寸

4. 餐厅

（1）餐桌

餐桌主要有方形和圆形两种，可根据使用需求选择不同规格。餐桌一般尺寸参数如表 2-1-3 所示。

市场上常见的餐桌尺寸及其使用人数如图 2-1-6 所示。

表 2-1-3　　　　　　　　　　　餐桌一般尺寸参数　　　　　　　　　　　单位：mm

参数	方桌	长桌	圆桌（直径）
长	750~1000	900~1800	600~1500
宽	750~1000	470~1200	—
高	730~760	730~760	730~760

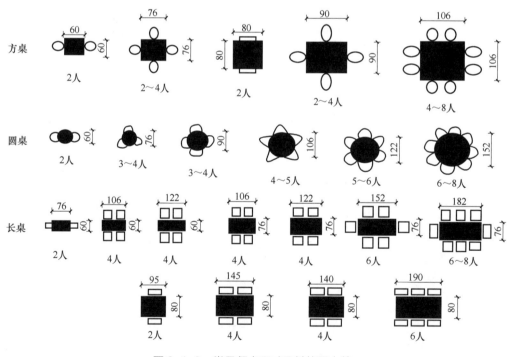

图 2-1-6　常见餐桌尺寸及其使用人数

（2）餐椅

餐椅一般是无扶手的靠背椅，其宽度为 400~500mm，高度为 450~500mm。

5. 卫生间

卫生间的布局，常用的有干湿分离、四式分离等。由于客户的需求及户型不同，设计方向也就不同。设计时可以参考以下尺寸：

（1）台盆

台盆高度在 800~850mm 较为舒适。若需要安装浴室镜，镜子应与台盆居中对齐。

（2）马桶

如图 2-1-7 所示，马桶左右两侧的预留距离最好大于 200mm，前方至少预留 400mm，方便放脚和移动。马桶与手纸盒的距离不超过 300mm，手纸盒离地 750mm，以方便拿取。人体站、坐活动预留值为 450~500mm。毛巾架距地 1680mm。

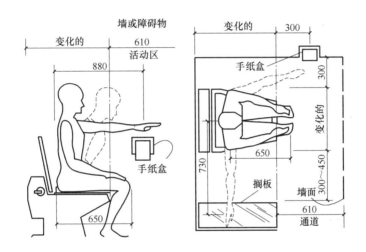

图 2-1-7　马桶尺度关系

（3）淋浴间

淋浴间常用尺寸有 900mm×900mm、1000mm×1000mm、900mm×1200mm 等，高度为 2000mm。

（4）浴缸

浴缸长度一般有 1220mm、1520mm、1680mm 三种，宽度为 720mm，高度为 450mm。单人浴缸尺寸如图 2-1-8 所示。

（5）花洒

花洒分为暗置与明装两种。一般暗置花洒墙面暗埋出水口中心，距地面应为 2100mm，淋浴开关中心距地面 1100mm 左右较佳。明装升降杆花洒一般以花洒出水面为界定，正常情况下距地面 2000mm 左右较佳。现在还有很多可调节高度的花洒，如果不能确定高度，可以站立抬手以手指刚好碰到的高度为准，如图 2-1-9 所示。

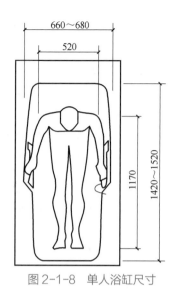

图 2-1-8 单人浴缸尺寸

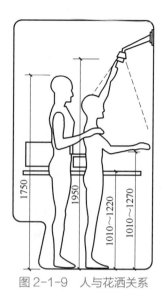

图 2-1-9 人与花洒关系

6. 卧室

卧室作为住宅的核心空间之一，其设计是尤为重要的。作为家庭生活不可或缺的一部分，卧室承担着睡眠和放松的功能。在设计卧室时，须兼顾实用性、舒适度、美观性及个性化等多个方面。

（1）床的尺寸

人体的尺寸与住宅环境之间存在着两种关系：一种是动态尺寸，另一种是静态尺寸。动态尺寸是指人在活动中所测得的尺寸；静态尺寸是指在固定标准动作情况下，人体各结构所测得的尺寸。基于这两种尺寸，床的尺度如图 2-1-10 所示。

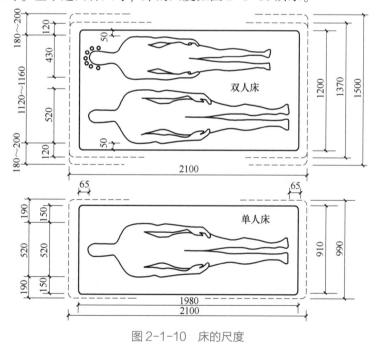

图 2-1-10 床的尺度

在床的长度上，考虑到人在躺下时肢体的伸展，所以实际比站立尺寸要长一些，再加上头顶和脚下要留出部分空余空间，所以床的长度要比人体的最大高度多一些。双人床的尺寸（宽×长）有 1800mm×2000mm、1500mm×2000mm 等；高度为 400～610mm。单人床宽度一般有 900mm、1000mm、1200mm 等。常见双人床和单人床的尺寸参数分别如表 2-1-4 和表 2-1-5 所示。

表 2-1-4　　　　　　　　　　　常见双人床尺寸参数　　　　　　　　　单位：mm

名称	长	宽	高
大床	2000	1500	480
中床	1920	1350	440
小床	1850	1250	420

表 2-1-5　　　　　　　　　　　常见单人床尺寸参数　　　　　　　　　单位：mm

名称	长	宽	高
大床	2000	1000	480
中床	1920	900	440
小床	1850	800	420

（2）衣柜

考虑在衣柜里能放下长一些的衣物，并在上部留出存放换季衣物的空间，如果衣柜采用拉门，进深一般为 600mm，单扇移门宽度不应超过 1200mm，高度为 2400mm。须注意，门板可能会变形。开门衣柜进深一般为 550mm。衣柜长度一般根据墙面长度确定。

（3）窗帘盒

窗帘盒的高度为 120～180mm；单层布时深度为 120mm，双层布时深度为 160～180mm。

（4）床头柜

床头柜一般直径或边长为 500mm，如果空间有限可适当缩小尺寸。

（5）矮柜

矮柜深度为 350～450mm；柜门宽度为 300～600mm。

人体工程学是研究人体与空间关系、人体与家具尺寸、人体与其他空间尺寸的一个重要领域，在住宅室内设计中的应用非常广泛，会对人产生不同的心理影响，也能决定环境是否舒适、家具等是否贴合人日常使用等。

在住宅室内设计中，仅掌握人体的基本尺寸是不够的。一个好的住宅室内设计，应该在心理和生理两个方面同时满足居住者的需求。因此，在设计中，要重视环境心理在室内空间设计中的重要作用。另外，人体尺寸与环境密切相关，在设计时，需要考虑人体的基本尺度，包括身高、肩宽、臂长等，以及个人所需的活动空间和家具尺寸等因素，这些因素将直接影响环境的设计和使用体验。

总的来说，人体工程学不仅仅是关于尺寸和比例的问题，它还涉及人的生理、心理和生物力学等多方面的研究。因此，为了创造一个既美观又实用的住宅空间，需要深入研究人体工程学，确保空间的设计能够满足人们的生理和心理需求。通过充分考虑人体尺度、动线规划、照明设计、色彩搭配和隔音通风等方面的需求，可以为居住者打造一个既美观又舒适的生活空间，提高居住环境的舒适性。

✕ 任务实训

实训内容：

某项目原始户型图如图 2-1-11 所示。结合项目需求，收集各空间人体工程学相关资料，绘制陈设元素草图。

实训要求：

① 设计前期准备，具体要求如表 2-1-6 所示。

人体工程学
任务实训

表 2-1-6　　　　　　　　　　前期准备内容及要求

序号	主要内容	相关要求
1	项目情况	梳理项目区位、户型、面积、装修预算、风格偏好
2	家庭情况	梳理家庭成员结构，调查各家庭成员生活习惯、兴趣爱好，以便开展空间组织、功能设计
3	收集意向	收集设计意向图、设计案例，激发设计灵感，发散思维
4	设计定位	结合家庭成员设计需求，融合健康、安全、环保、绿色设计理念，综合考虑智能化、适老化设计

② 结合项目需求，收集各空间人体工程学相关资料，具体要求如表 2-1-7 所示。

表 2-1-7　　　　　　　　　人体工程学资料收集内容及要求

序号	主要内容	相关要求
1	儿童人体工程学相关尺寸	重点关注儿童房、卫生间相关尺寸需求，如儿童床、衣柜、书桌、洗手台等适宜尺寸
2	老年人体工程学相关尺寸	重点关注门厅、起居室、卧室、厨房、卫生间相关尺寸需求，如床、衣柜、收纳柜、卫浴洁具、橱柜等适宜尺寸
3	中年人体工程学相关尺寸（常规尺寸）	重点关注起居室、卧室、厨房、卫生间等常规尺寸需求

③ 绘制各空间陈设元素草图，制作 PPT，并进行汇报展示，具体要求如表 2-1-8 所示。

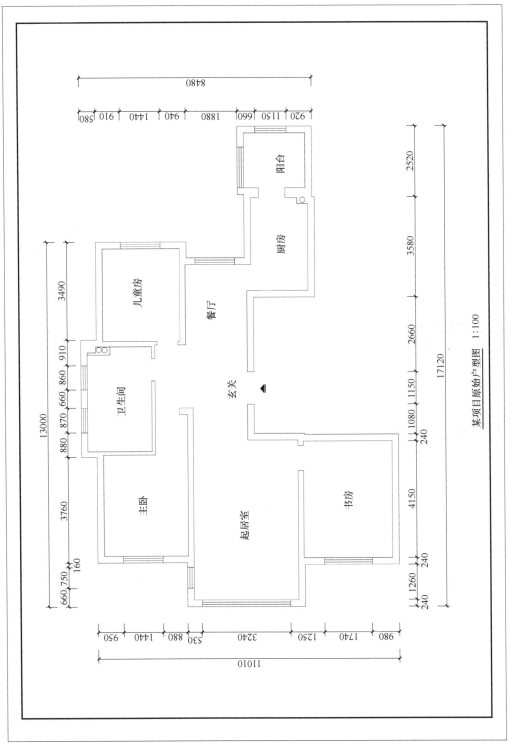

某项目原始户型图　1:100

图2-1-11　某项目原始户型图

表 2-1-8　　　　　　　　　　各空间陈设元素草图绘制内容及要求

序号	主要内容	相关要求
1	儿童房	绘制儿童床、衣柜、书桌等家具陈设草图,按制图标准正确标注尺寸,合理标注文字说明和图名
2	老人房	绘制床、衣柜等家具陈设草图,按制图标准正确标注尺寸,合理标注文字说明和图名
3	主卧	绘制床、衣柜等家具陈设草图,按制图标准正确标注尺寸,合理标注文字说明和图名
4	玄关	绘制门厅柜、玄关柜等家具草图,按制图标准正确标注尺寸,合理标注文字说明和图名
5	起居室	绘制沙发、茶几、电视柜、边柜等家具陈设草图,按制图标准正确标注尺寸,合理标注文字说明和图名
6	厨房	绘制橱柜草图,按制图标准正确标注尺寸,合理标注文字说明和图名
7	卫生间	绘制洗手台、卫浴洁具等草图,按制图标准正确标注尺寸,合理标注文字说明和图名

任务评价

实训评价标准如表 2-1-9 所示。

表 2-1-9　　　　　　　　　　　　实训评价标准

序号	评价项目		评价内容	分值	评价标准
1	学习态度	课前学习	能够自主完成课前学习任务,养成自主探索、持续提升的学习习惯	10分	通过网络教学平台系统进行课前学习成果、预习情况监测,平台综合打分
2	基本素质	职业素养	能够按照进程完成项目任务,学习态度端正,能够主动探索专业知识和专业技能;能够严格遵守相关实习、实训纪律,规范作业,安全操作	10分	各项内容每出现一处不完整、不准确、不得当处,扣1分,扣完为止
		团队协作	能够团队互助,协作完成工作任务,具有良好的沟通表达能力	10分	
3	任务实训	前期准备	构思新颖,体现以人为本的原则,设计意向准确表达设计创意、创新亮点	10分	各项内容每出现一处不完整、不准确、不得当处,扣0.5分,扣完为止
		草图绘制	制图规范,家具陈设符合人体工程学要求;家具陈设能够满足客户需求,体现创意性设计	40分	
		设计汇报	对设计成果进行汇报展示,语言表达流畅,能够体现室内设计师的素养	20分	各项内容每出现一处不完整、不准确、不得当处,扣1分,扣完为止
	总计			100分	

任务拓展

① 收集人体工程学设计案例。

② 探究当前室内设计中人体工程学的应用。

③ 人体工程学图样表现。

④ 预习住宅空间设计内容。

任务二 住宅空间设计

• **学习目标**

1. 素质目标：具有健康的审美观；具有以人为本的设计理念；具有工匠精神。

2. 知识目标：熟悉住宅空间设计原则；熟悉设计工作流程；掌握住宅空间创新思维方法。

3. 能力目标：具有主动分析问题、解决问题的能力；具有一定的沟通能力；能够将所学知识应用到设计实践中。

• **教学重点**

住宅空间设计原则。

• **教学难点**

住宅空间设计方法。

• **任务导入**

住宅空间设计是一种将功能、美学和舒适性相结合的室内设计方法，旨在创造一个既实用又美观的生活空间。在住宅空间设计中，需要考虑各种因素，如建筑结构、居住者的需求、装修预算、空间功能等。

结合前期项目设计准备工作，本任务充分考虑客户需求，基于项目原始平面图，对室内空间进行合理规划。可以对空间进行适当拆改，手绘墙体拆改平面图及分区设计图、动线分析图。

一、住宅空间设计原则

住宅空间
设计原则

1. 实用性与经济性

随着人们对住宅空间功能性的日益重视，在功能上合理划分住宅空间以最大化发挥其实用性变得尤为关键。同时，经济性也是一项重要的原则，应在满足功能需求的同时，考虑项目的预算限制。

2. 安全性

住宅空间设计必须确保居住者的安全，包括防火、防盗、防震等方面。要选择符合安全标准的材料和设备，并进行合理布局。

3. 舒适性

人的生理和心理需求是住宅空间设计时应注意的要点之一，包括合理的照明、通风、温度和湿度等物理环境的设计。

4. 环保性

随着人们环保意识的提高，住宅空间设计也需要充分考虑环保因素。应选择环保材料，如低甲醛的板材、水性涂料等。

5. 合理性

住宅空间设计需要对所设计的空间进行现场测绘，掌握详细的尺寸，对空间有初步的印象与设想。合理的空间位置组合、顺畅的交通流线、适宜的光环境等都是住宅空间设计的重要因素。

6. 灵活性

住宅空间设计需要具有一定的灵活性，以适应居住者的需求变化。例如，可以设计一些可变的空间，如隔断、软装等。

图 2-1-12 所示为住宅空间设计样例。

二、住宅空间设计方法

住宅空间设计是一种专注于为住宅创造美观、实用和舒适居住环境的室内设计领域。它涵盖了对住宅内部空间的规划、布局、装饰和家具摆放等方面的综合考量，旨在满足业主的需求和品位。图 2-1-13 所示为住宅空间效果图样例。

在住宅空间设计时，可以从规划与布局、色彩与材质、照明与氛围、家具与陈设、储物与收纳、绿化与植物、安全与舒适、预算与成本等方面进行设计。

1. 规划与布局

住宅空间设计首先要对住宅进行整体规划和布局，包括确定各个功能区域的位置，如卧室、起居室、厨房等，以及各个功能区域之间的关系。应考虑家庭成员的数量、年龄、生活习惯等因素，以确保空间的合理利用和流线顺畅。

图 2-1-12　住宅空间设计

2. 色彩与材质

在住宅空间设计中，色彩与材质的选择对于营造氛围和风格至关重要。应根据业主的喜好和设计风格，选择合适的色彩搭配和装饰材料。色彩可以影响人们的情绪和感觉，而材质则关系到空间的质感和舒适度。图 2-1-14 所示为色彩与材质设计样例。

图 2-1-13　住宅空间效果图

图 2-1-14　色彩与材质设计

3. 照明与氛围

照明是住宅空间设计中的重要组成部分，它可以营造出不同的氛围效果。设计时，应考虑自然光和人工光的利用，以及灯具的选择和布置。合理的照明设计可以提高空间的实用性和美观性。

4. 家具与陈设

家具与陈设是住宅空间设计的点睛之笔。设计时，需要根据空间的大小、功能和风格，选择合适的家具陈设。此外，家具的摆放和布局也需要考虑空间的流线和功能性。图 2-1-15 所示为家具与陈设设计样例。

5. 储物与收纳

储物与收纳在住宅空间中是客户的重要需求之一。应充分利用空间，为客户提供足够、合理的储物空间，以保持空间的整洁和有序性。

图 2-1-15　家具与陈设设计

6. 绿化与植物

绿化与植物可以为住宅空间增添生机和活力。在室内摆放一些绿植，能够改善空气质量，提高居住环境的品质。

7. 安全与舒适

住宅空间设计应充分考虑到业主的安全性和舒适度。设计时，需要确保家具、电器等设施的安全性，以及空间的温度、湿度、通风等方面的舒适度。

8. 预算与成本

住宅空间设计在满足业主需求的同时，应尽量选择性价比较高的材料和家具，以实现理想的居住环境。

三、住宅空间动线设计

住宅空间动线设计是研究住宅内部空间布局和功能分区的方法，旨在优化住宅的使用体验和提高居住者的生活质量。动线设计主要考虑住宅各个功能区域的相互关系、空间的流动性以及人们在住宅内的活动路径。

住宅空间动线设计的主要目的是优化住宅的空间布局，使其更加符合居住者的生活需求和使用习惯，提高住宅的使用率和舒适度。图 2-1-16 所示为动线设计样例。

图 2-1-16　动线设计

在住宅空间动线设计时，其流线分析主要包括功能分区、空间关系、活动路径、交通流线等方面的内容。

1. 功能分区

根据住宅的使用功能，将住宅划分为不同的区域，如起居室、卧室、厨房、餐厅等。合理的功能分区可以使住宅的使用更加有序，提高空间利用率。

2. 空间关系

分析各个功能区域之间的相互关系，包括空间的独立性、联系性和互动性。合理的空间关系可以使住宅的空间布局更加和谐，提高居住者的舒适度。

3. 活动路径

研究人们在住宅空间内的活动路径，包括日常生活、学习工作、休闲娱乐等活动。合理的活动路径可以使人们在家中的活动更加便捷，提高其生活品质。

4. 交通流线

分析住宅内的交通流线，包括水平交通和垂直交通。合理的交通流线可以使住宅内的交通更加顺畅，避免冲突和绕路。

✖ 任务实训

实训内容：

根据原始户型平面图，绘制墙体拆改平面图及分区设计图、动线分析图。

住宅空间设计   原始户型
任务实训   平面图

实训要求：

① 绘制墙体拆改平面图，具体要求如表 2-1-10 所示。

表 2-1-10   墙体拆改平面图内容及要求

主要内容	相关要求
手绘墙体拆改平面图	墙体拆改符合相关规范
	按制图标准正确运用线型和线宽，线型分明，线宽合理
	绘制准确的门窗、墙体，且符合制图要求
	按制图标准正确标注尺寸、比例
	合理标注文字说明和图名
	整体方案符合社会发展潮流，能够体现新材料、新工艺和新技术规范，体现绿色、科技和可持续发展要求
	能够按照要求命名文件，输出格式准确、保存路径正确

② 绘制分区设计图，具体要求如表 2-1-11 所示。

表 2-1-11   分区设计图内容及要求

序号	主要内容	相关要求
1	虚实分区设计	结合客户功能性需求及私密性需求进行虚实分区设计；玄关和起居室的隔断，合理选用鞋柜、隔断柜、置物台或者绿植隔断，也可以选用屏风等；起居室和阳台空间，结合活动需求、采光需求合理分隔
2	干湿分区设计	主要包括卧室、起居室与厨房和卫生间的分区，同时卫生间的淋浴间还要与其他空间分离
3	私密空间与公共空间分区设计	私密空间和公共空间应该动静分区，动线不相互干扰和重合；入户门向室内看去的视角，应该有所遮挡，避免对屋内一览无余；注意私密空间与公共空间的分隔与联系，如卧室、卫生间应尽量避免在起居室墙面上开门，卧室和起居室、餐厅应尽量保持一定的距离，这样不仅能够保证安静，还能提高私密性
4	动静分区设计	动区是活动比较频繁的空间，应该靠入户门设计；从进门到起居室以及公共卫生间的动线，应该避开居家休息场所；静区属于休息的场所，比较安静，应该布置在户型的内侧

③ 绘制动线分析图，具体要求如表 2-1-12 所示。

表 2-1-12　　　　　　　　　　　　　动线分析图内容及要求

序号	主要内容	相关要求
1	居住动线	居住者个人日常生活居住所走动的路线,主要涉及起居室、卧室、书房、衣帽间和卫生间,应注意私密性、便捷性需求
2	家务动线	在家务劳动中形成的移动路线,一般包括做饭、洗晒衣物和打扫,涉及的空间主要集中在厨房、卫生间和生活阳台
3	访客动线	主要涉及玄关、起居室、餐厅、客卫、客房等空间,和家人动线重合度比较高,设计时既要注意保护家人隐私,又要让客人感觉舒服

📝 任务评价

实训评价标准如表 2-1-13 所示。

表 2-1-13　　　　　　　　　　　　　　实训评价标准

序号	评价项目	评价内容		分值	评价标准
1	学习态度	课前学习	能够自主完成课前学习任务,养成自主探索、持续提升的学习习惯	10分	通过网络教学平台系统进行课前学习成果、预习情况监测,平台综合打分
2	基本素质	职业素养	能够按照进程完成项目任务,学习态度端正,能够主动探索专业知识和专业技能;能够严格遵守相关实习、实训纪律,规范作业,安全操作	10分	各项内容每出现一处不完整、不准确、不得当处,扣1分,扣完为止
		团队协作	能够团队互助,协作完成工作任务,具有良好的沟通表达能力	10分	
3	任务实训	构思立意	空间规划合理,满足客户使用需求,能够提高空间利用率,设计创意新颖	10分	各项内容每出现一处不完整、不准确、不得当处,扣0.5分,扣完为止
		设计方案	空间设计符合整体设计定位;空间设计能够充分体现客户的个性化需求;方案图纸规范、完整,能够遵循国家标准和设计规范制图	40分	
		设计汇报	对设计成果进行汇报展示,语言表达流畅,设计作品完整全面	20分	各项内容每出现一处不完整、不准确、不得当处,扣1分,扣完为止
总计				100分	

🔗 任务拓展

① 收集住宅空间设计案例，分析案例优缺点，并对已完成的空间进行完善。

② 探究当前住宅室内设计的流行趋势。

③ 预习住宅室内界面设计内容。

任务三 住宅室内界面设计

• **学习目标**

1. 素质目标：培养创新思维，探索新颖设计理念，创造具有个性化和创新性的室内界面设计方案。

2. 知识目标：了解住宅室内的空间界面知识；理解并熟悉界面在设计中的应用；掌握地面铺装图、室内立面图和顶棚布置图的绘制方法和技巧。

3. 能力目标：能够准确理解和分析居住空间的功能需求，判断空间布局的合理性；具有将创意转化为具体设计方案的能力。

• **教学重点**

界面色彩搭配。

• **教学难点**

界面材料应用。

• **任务导入**

住宅室内界面是指围合成室内空间的地面、墙面和顶面。室内界面设计主要包括造型设计与构造设计。造型设计涉及色彩、形状、尺度、图案与质地等，应与总体设计意图统一；构造设计涉及材料、连接方式和施工工艺等，要求安全、坚固、合理。

本任务根据所给项目原始户型平面图，结合前序任务的空间设计方案，进行住宅室内界面表现。手绘主要立面设计图及地面铺装设计图，设计应符合客户需求和整体定位。

一、住宅室内界面设计原则

住宅室内界面设计

1. 高度统一

住宅室内设计要与室内空间各界面及配套设施的特定要求相协调，达到高度有机统一。同一空间内各界面的处理必须在同种风格下进行，这是住宅室内界面设计最基本的原则。

2. 符合氛围

不同使用功能的空间具有不同的空间个性和环境气氛要求。在营造室内空间环境的整体氛围时，应服从不同功能室内空间的特定要求。

3. 整体协调

室内空间各个界面和家具、设备等设施在处理上要统一，应强调空间的整体性和协调性，特别是一些大型家具周围的界面不要过分突出，如图 2-1-17 所示。

4. 环保实用

界面处理应满足耐久性、阻燃性、环保性要求，确保施工便捷，同时实现保温隔热、隔音、吸声等性能要求。在设计上追求造型美观且具有特色，用材合理，造价适宜。

5. 舒适美观

良好的界面设计应使整个空间更加融洽和谐，界面的造型、材料、色彩等要素能够体现设计风格和空间功能，如图 2-1-18 所示。

图 2-1-17　整体协调

图 2-1-18　舒适美观

二、界面设计的形式美法则

1. 对称与均衡

对称与均衡是一种传统的设计手法，通过在空间中创造对称或近似对称的布局从而达到视觉上的平衡与和谐。对称与均衡给人以秩序感和庄重感，是形式美的经典表达方式。

2. 单纯齐一

在设计中追求简洁和统一，避免过多的装饰和复杂的图案，使空间看起来更加干净、整洁和宽敞。

3. 对比与调和

通过在色彩、材质、形状等方面形成对比，增强视觉效果，同时也可以通过调和这些对比元素，创造出和谐的整体效果。

4. 尺度与比例

合理的比例关系是美学的重要组成部分。无论是家具尺寸与空间的比例，还是装饰元素之间的比例，都应遵循一定的比例原则，以达到美观的效果。

5. 节奏与韵律

在住宅室内设计中，通过等距离重复某些元素，如家具排列、装饰品布置等，可以创造出节奏感，使空间更具序列的美感和动态感。

6. 变化与统一

在保持整体风格统一的同时，通过引入多样化的设计元素，如不同的纹理、颜色或形式，增加空间的层次感和丰富性。

三、界面色彩搭配

确定主色调是界面色彩设计的第一步。主色调贯穿整体空间，只有确定了主色调，才能依据主色调进行局部色彩的搭配。在界面设计初步完成后，应根据业主的需求、风格的限定、空间的功能等进行界面主色调与搭配色的确定。色彩方案的确定，是材质选择与效果表现的前提。图 2-1-19 所示为界面色彩搭配样例。

图 2-1-19　界面色彩搭配

界面色彩搭配应遵循一系列原则，以确保色彩的美观和谐，有效营造空间氛围。

1. 色彩心理学

了解色彩心理学，根据居住者的性格、喜好和需求选择合适的色彩搭配。例如，温暖色调（红色、橙色等）可以营造温馨、活跃的氛围，而冷色调（蓝色、绿色等）则给人以宁静、放松的感觉。

2. 主题与风格

确定一个明确的主题或风格，如现代简约、北欧自然、中式古典等，以此为基础进行色彩搭配，使空间具有统一的风格特征。

3. 主色与辅助色

在界面设计中，应选择一个或两个主色作为基调，再辅以其他颜色进行点缀。主色通常用于墙面、地面等大面积的元素，辅助色用于家具、装饰品等细节元素。

4. 对比与调和

在色彩搭配中，运用对比（黑白对比、冷暖对比等）来增强视觉冲击力，同时通过调和（相近色调的搭配等）来营造和谐的氛围。

5. 色彩比例

掌握色彩使用的比例关系，从而使色彩搭配更加平衡。

6. 纹理与材质

结合不同的纹理与材质，如木质、金属、织物等，使色彩更加丰富和立体。

7. 光线因素

考虑光线对色彩的影响，不同光源和光照条件下，同一颜色可能会呈现出不同的效果。因此，要根据实际情况调整色彩搭配。

8. 个性化选择

尊重居住者的个性化选择，为其量身定制色彩搭配方案。

9. 可持续性

在色彩选择中考虑环保因素，优先选择无毒、无害的材料。

四、界面材料设计

界面材料的质感直接影响住宅空间的视觉效果和舒适度。材料的选用关系到住宅的实用性、经济性、美观性、环境气氛等方面。界面装饰材料的选择应遵循"精心设计，巧妙用材，精选优材，一般材质新用"的原则。图 2-1-20 所示为界面材料设计样例。

界面材料设计时，还应注意以下几点。

1. 选择合适的材料

在设计过程中，首要任务是选择适合项目需求

图 2-1-20　界面材料设计

的界面材料，需要考虑材料的功能性、耐用性、美观性和环保性等因素。例如，地面可以选择具有良好隔音和保温性能的木质地板，或者选择纹理和色彩更丰富的大理石、瓷砖等。

2. 注重材料纹理

材料的纹理是影响其质感的重要因素。在选择界面材料时，要充分考虑纹理的搭配和运用。可以通过不同纹理的材料对比创造层次感，或者通过使用相同纹理的材料营造统一和谐的氛围。

3. 利用色彩光线

色彩和光线对材料质感的影响也不容忽视。在设计过程中，可以通过调整材料的色彩和光线改变其质感。深色的材料可以营造出沉稳、高贵的氛围；浅色的材料则可以营造出明亮、轻松的氛围。此外，还可以通过运用不同的光源（暖光、冷光等）强调或弱化材料的质感。

4. 创新材料组合

选择界面材料时，可以尝试将不同材质的材料进行组合，以创造出独特的质感效果。例如，可以将金属与木材、玻璃与石材等不同材质的材料进行组合，以实现材料的互补和碰撞。

5. 注重细节处理

在界面设计过程中，要注重细节的处理，以提升整体空间的质感。例如，可以通过打磨、抛光等工艺，使材料表面更加光滑细腻；通过雕刻、镂空等手法，增加材料的立体感和艺术性。

只有充分了解各种材料的优缺点，善于运用色彩、光线、纹理等元素，勇于尝试创新材料组合和细节处理，才能创造出具有高度审美价值和实用性的住宅空间。

五、界面方案表现

住宅室内界面是住宅空间设计的直观体现。进行室内界面设计时，首先应进行资料收集，然后绘制方案草图，再进行顶棚平面图、地面铺装图、室内立面图的绘制。

1. 资料收集

根据已经确定的设计风格、设计主题、设计元素等，对各个功能空间的主界面进行广泛的资料收集，以便对界面的形式、细节、功能进行设计。从收集的资料中挑选出适合自己设计风格的图片，提取其中相关的元素，借鉴其形式和功能，丰富自己的设计理念，不断演进并完善设计方案。进行资料收集时，还要考虑以下内容：

（1）房屋的结构和功能

了解房屋的建筑结构、界面布局以及功能需求是资料收集的首要任务，将直接影响后续的设计工作。明确房屋是平层还是跃层，需要满足哪些生活或工作功能等。

（2）客户的喜好和习惯

深入了解并尊重客户的生活习惯和个人喜好，合理划分界面区域，并将这些因素融入设计中，创造出既满足客户实际需求又具有个性化的舒适空间。

（3）材料和色彩的选择

考虑到各种材料和色彩的特性以及它们之间的搭配效果，应选择适合项目的材料和色彩，以实现理想的视觉效果和实用性。

2. 方案草图绘制

根据意向图的分析、提炼、思考、重组和创新以及形式美法则，将界面方案利用草图或手绘的形式呈现，从而更好地完善设计方案。绘制方案草图时，需要考虑以下因素：

（1）设计理念

明确设计理念是设计的基础，也是设计作品具有独特性的关键。

（2）空间布局

考虑房屋的功能和使用者的需求，合理规划空间布局，如起居室、卧室、厨房、卫生间的位置和大小等。

（3）材料选择

选择合适的装饰材料，如地面、墙面、天花、家具等的材料。同时，应考虑材料的质地、颜色、耐用性和价格等因素。

（4）色彩搭配

色彩对于室内空间风格影响较大。选择和谐的色彩搭配，可以营造出舒适和愉快的氛围。

（5）照明设计

照明不仅可以提供光线，还可以营造氛围。设计时应考虑自然光和人工光的使用，以及灯具的选择和布置。

（6）细节处理

注重细节的处理，如门窗的造型、开关插座的位置等，这些细节会影响整体的效果。

3. 顶棚平面图、地面铺装图、室内立面图绘制

与客户沟通界面设计草图构思后，即可确定最终设计方案，进行顶棚平面图、地面铺装图、室内立面图的绘制，这些图纸也是后续施工的依据。

顶棚平面图、
地面铺装图、
室内立面图

六、住宅室内界面设计

1. 顶面

顶面在住宅室内界面中有着极其重要的作用，它决定了空间高度，直接影响着人们的直观视觉感受。顶面在室内空间和界面中几乎没有视觉遮挡，可以让人一览无余。当墙面与地面被大量家具所覆盖时，顶面的造型可以在不同程度上区分不同的功能空间。在楼板、梁、柱等结构的制约下，顶面设计的局限性相对较大。设计时，通常最先设计顶面，然后根据顶面造型，进行墙面和地面形式设计，从而保证所有界面设计的统一性与完整性。图 2-1-21 所示为顶面设计样例。

2. 墙面

墙面是空间界面围合的根本。与顶面、地面不同的是，墙面设计的限制性较小，可以更好地体现设计理念，保证空间的功能性。墙面的造型、色彩等直接影响着人们的视觉感受。以水平线为主的墙面，在视觉上可以增加进深感，使空间更加开阔；以垂直线为主的墙面，在视觉上可以提升空间高度，使空间更加高大；以曲线为主的墙面，在视觉上则让人感觉到了一种动感，使空间更加灵动。墙面通常承载着较多信息量，是体现设计主题的重要途径，一面主题墙面就可以使设计主题一目了然。具有功能性的墙面设计，在使人眼前一亮的同时，也提升了空间的功能性。图 2-1-22 所示为墙面设计样例。

图 2-1-21　顶面设计

图 2-1-22　墙面设计

3. 地面

地面的色彩、造型、布局是影响空间色调的重要因素。不同的风格、色调可以选择不同的地面材质。通常情况下，地面的材质选择越简单，越能有效统一各设计元素，其整体效果也越好。应根据顶面、墙面的造型、材质、色彩等因素进行地面设计，如果有特殊拼花需求，则应追求形式上的简洁明了，避免杂乱无章。图 2-1-23 所示为地面设计样例。

图 2-1-23　地面设计

七、案例分析

图 2-1-24 所示为某旧房改造项目改造前的住宅空间。这是一套老房子，其空间狭小局促，收纳区域不足，空间利用率不高。

设计师与业主进行充分沟通后，根据设计需求，从布局、功能、软装三方面入手，对该项目进行了改造。根据业主的生活习惯与需求，将原来的厨房改成了玄关；原来的起居室、餐厅改成了卧室，并在卧室隔出了一间独立的步入式衣帽间；将餐厨融为一体，并将起居室完全开放。改造后整体空间更加宽敞通透。

图 2-1-24　改造前的住宅空间

如图 2-1-25 所示，将原来的厨房改造成入户玄关，定制柜没有做满，采用留白+灯光的形式，更好地营造出干净整洁的通透感。

如图 2-1-26 所示，起居室中定制的电视柜可以充分利用电视背景墙的每一寸空间，中间与侧面的开放柜用于展示业主的收藏，能够体现主人的品位与个性。

如图 2-1-27 所示，起居室中除了电视，还加装了投影设备，极大地提升了室内娱乐的多样性和沉浸感。

如图 2-1-28 所示，起居室中选择了遮光效果较好的窗帘，使得生活更加舒适。

如图 2-1-29 所示，起居室中没有选择主沙发，而是选择了两个单人沙发，围合着茶几，不但舒适感不减，而且更多地释放了空间。阳台一分为二，一半做猫舍，一半做生活阳台,二者以玻璃隔断,既保证了各自的功能性,又互不干扰。

图 2-1-25　改造后玄关设计

图 2-1-26　起居室定制电视柜设计

图 2-1-27　起居室投影设计

图 2-1-28　起居室窗帘设计

图 2-1-29　起居室设计

　　如图 2-1-30 所示,在餐厅设计上,由于业主夫妻较少在家做饭,且口味偏西式,于是采取了起居室、餐厅一体的形式,使空间利用率更高,且增加了空间的通透感,完全没有小户型的局促感。同时,大量的定制柜使得收纳空间充足。此外,中间留空的墙面空间也被利用得淋漓尽致,东西虽多,却井然有序。

　　如图 2-1-31 所示,为了充分利用空间,在餐厅和卧室之间开辟了一个独立的工作区。

　　如图 2-1-32 所示,卧室床头背景墙以墨绿色为主,两侧的墙面则选用了纯白色,通过强烈的对比将整个卧室设计得更加明快。

图 2-1-30 餐厅设计

图 2-1-31 独立工作区设计

如图 2-1-33 所示，卧室中用收纳柜替代了床头靠背，直接省去了床头两侧的床头柜，使空间得到释放。在卧室中规划出一个区域打造成 U 形步入式衣帽间，并根据业主的使用习惯做了内部划分，巧妙隐藏物品，使居家环境更加清爽。嵌入式的柜体与墙面齐平，从立面上简化了线条，更显高级。床头背景两侧自带与床齐平的展示柜，提高了空间的利用率。床尾靠窗的位置也做了收纳柜，并做了隐形推拉工作台，平时不用

图 2-1-32 卧室床头背景墙设计

时可以收起来。在雅白墙面砖的空间基础下，通过加入黑色的五金件，营造出时尚高档的黑白配空间感。分层的收纳篮大大提高了空间利用率。

图 2-1-33 卧室设计

任务实训

实训内容：

结合前序任务的空间设计方案，进行住宅室内界面表现，手绘主要立面图和地面铺装图，设计应符合客户需求和整体定位。

实训要求：

① 绘制主要立面图，具体要求如表 2-1-14 所示。

住宅室内界面设计任务实训

表 2-1-14 主要立面图内容及要求

序号	主要内容	相关要求
1	电视背景墙立面图（附创意推导过程）	电视背景墙设计与位置符合整体方案设计效果，符合设计元素及思路
		绘制内容符合主题风格要求
		推导过程准确表达设计创意、主题设计、创新亮点
		图形线条准确美观，合理标注文字说明和图名
2	玄关墙立面图（附创意推导过程）	玄关墙设计与位置符合整体方案设计效果，符合设计元素及思路
		绘制内容符合主题风格要求
		推导过程准确表达设计创意、主题设计、创新亮点
		图形线条准确美观，合理标注文字说明和图名

② 绘制地面铺装图，具体要求如表 2-1-15 所示。

表 2-1-15 地面铺装图内容及要求

主要内容	相关要求
地面铺装图	整体铺装设计合理，流线顺畅，图面整洁
	按制图标准正确运用线型和线宽，线型分明，线宽合理
	材质绘制准确，正确标注尺寸、比例，且符合制图要求
	合理标注文字说明和图名

📋 任务评价

实训评价标准如表 2-1-16 所示。

表 2-1-16 实训评价标准

序号	评价项目		评价内容	分值	评价标准
1	学习态度	课前学习	能够自主完成课前学习任务，养成自主探索、持续提升的学习习惯	10分	通过网络教学平台系统进行课前学习成果、预习情况监测，平台综合打分
2	基本素质	职业素养	能够按照进程完成项目任务，学习态度端正，能够主动探索专业知识和专业技能；能够严格遵守相关实习、实训纪律，规范作业，安全操作	10分	各项内容每出现一处不完整、不准确、不得当处，扣 1 分，扣完为止
		团队协作	能够团队互助，协作完成工作任务，具有良好的沟通表达能力	10分	

续表

序号	评价项目	评价内容		分值	评价标准
3	任务实训	构思立意	界面设计具有创意性,构思新颖,准确表达设计创意、创新亮点	10分	各项内容每出现一处不完整、不准确、不得当处,扣0.5分,扣完为止
		设计方案	界面设计风格符合整体设计定位,主要立面表现完整;界面设计符合客户需求,顶、墙、地统一和谐;方案图纸规范、完整、清晰,能够体现设计构思	40分	
		设计汇报	对设计成果进行汇报展示,语言表达流畅,手绘效果表现佳	20分	各项内容每出现一处不完整、不准确、不得当处,扣1分,扣完为止
总计				100分	

🔗 任务拓展

① 结合岗位要求和大赛标准,以手绘形式完成住宅界面设计表现。

② 探究当前住宅室内界面设计流行的元素、造型、色彩、材料等内容。

③ 预习住宅室内家具陈设设计内容。

任务四 住宅室内家具陈设设计

● 学习目标

1. 素质目标:培养创新思维和审美观念,培养耐心和细心的职业精神,确保设计意图的准确传达。

2. 知识目标:了解陈设设计的原则;理解住宅空间家具布局的逻辑和美学;掌握家具陈设设计的要素。

3. 能力目标:能够快速绘制出家具平面布置草图,准确表达设计构思和意图;能够独立思考并提出设计方案;能够根据客户的需求和喜好,提出合理的设计建议和优化方案;能够运用创新思维和美学原则,进行独特和个性化设计。

● 教学重点

家具、陈设、绿化的作用及设计技巧。

● 教学难点

住宅室内家具陈设平面空间优化。

● 任务导入

家具陈设在住宅室内空间中有着非常重要的作用,它决定了住宅空间的功能、风格等设计,是住宅方案设计阶段重点考虑的要素。

本任务根据所给项目原始户型图及客户情况,设计并手绘平面布置图、家具尺寸图,并结合前序任务的住宅空间设计方案、住宅室内界面设计方案,逐步完善家具陈设设计方案。

一、家具的作用

家具

家具是住宅室内设计的关键要素之一,是构成住宅室内空间的使用功能和视觉美感的重要因素。因此,要把家具的设计与配套放在首位,然后进一步考虑天花、地面、墙面等各个界面的设计,以及灯光、布艺、艺术品等配套设计,为人们创造一个功能合理、完美和谐的室内空间。

1. 组织空间

通过家具的摆放,实现隔断的功能,围合出不同用途的区域以组织人们在室内的行走路线。例如,起居室中用沙发、茶几、电视柜等组成起居、会客、娱乐的空间,如图2-1-34所示。

2. 分隔空间

随着城市的不断发展,现代建筑多以标准化的大空间形式出现,以提高空间的利用率,如标准化的商品房单元住宅等。在这样的空间内,为了区分不同区域的使用功能,可以通过家具进行空间的分隔。例如,吧台玄关柜、酒柜、屏风等,既满足了基本的使用功能,又在空间造型上取得了丰富的变化,如图2-1-35所示。

图2-1-34 组织空间

图2-1-35 分隔空间

3. 填补空间

家具本身具有尺寸、体量,是空间构图的重要因素,如果布置不当,就会造成轻重不均的失衡现象。将柜、几、架等家具设置在空缺的位置上,可以达到平衡、稳定空间布局的效果。

有的住宅中会出现如阁楼、坡屋顶等空间,这类空间存在尺度低矮的尖角,难以正常使用。如果在这些地方放置床或沙发，就可以填补空缺从而有效利用空间，如图 2-1-36 所示。

4. 扩大空间

在小户型空间中，家具间接扩大空间的作用非常明显，如图 2-1-37 所示。常见的方法有以下三种：

① 壁柜、壁架方式。墙面是室内空间面积占比较大的一部分，壁柜、壁架方式能够利用墙面或墙角等闲置空间，将各种杂物有条不紊地归置起来，从而起到扩大空间的作用。

② 多功能家具和折叠式家具应用。多功能家具和折叠式家具能够将本来平行使用的空间加以叠合使用，如时下流行的折叠椅、翻板床、翻板书桌等，能够使同一空间在不同时间段发挥不同的作用。

③ 嵌入式壁式柜架方式。嵌入式壁式柜架方式能够开发墙面空间，通过内凹的柜面使得视觉得以延伸。

图 2-1-36　填补空间

图 2-1-37　扩大空间

二、家具的设计要素

1. 功能

家具是为了满足人们生活中的需求而出现的，是为了达到一定功能目的而被设计和生产的。因此，家具功能是家具设计活动中的核心要素。家具功能一般包括技术功能、经济功能、使用功能、审美功能。图 2-1-38 所示为新中式风格室内家具功能划分。

图 2-1-38　新中式风格室内家具功能划分

图 2-1-39　木质家具设计

2. 材料

材料是构成家具的基础，由天然材料（木、竹、藤等）和人工材料（塑料、人造板、金属等）两大类构成。家具设计材料应满足以下特性：环保性、加工工艺性（可加工制作）、材质属性和外观质量（内在属性和外在属性）、经济性、物理力学性能、材料的审美、表面装饰性。图 2-1-39 所示为木质家具设计。

3. 结构

家具组织系统包括外在部件之间的连接（榫卯结构、五金连接件、胶黏剂）和内在的物理化学结构性能（强度与耐久性、稳定性、环保性能、防火性能）两方面。外在部件之间的连接方式，既要保证家具结构的稳固性和耐用性，又要考虑其美观性和实用性。内在的物理化学结构性能直接关系到家具的使用寿命和安全性。图 2-1-40 所示为家具的榫卯结构。

图 2-1-40　家具的榫卯结构

4. 外观形式

外观形式是直接展现在使用者面前的感觉，它是家具功能、结构和材料整体体现的综合结果。一个优秀的家具产品，不仅需要在功能上满足使用者的需求，还需要结构稳固，材料考究，将舒适与美观融为一体。使用者置身其中，既能感受到功能的便捷，又能品味到设计的匠心独运，能够呈现出最佳的视觉效果和使用体验。图 2-1-41 所示为结构和材料的整体体现。

图 2-1-41　结构和材料的整体体现

三、家具设计原则

家具陈设应注重风格统一，功能、尺寸、氛围协调，家具设计的基础在于空间布局。主要包括以下八个原则。

1. 均衡性原则

均衡性原则是指在空间中合理安排家具的位置，使整体布局看起来均衡稳定。可以采用对称或非对称的布置方式，根据设计需求进行选择。对称的布置可以营造出严肃、静态的氛围，非对称的布置则能呈现出活泼、动态的感觉。

2. 统一性原则

统一性原则是指将各种家具风格元素组合在一起，形成统一的风格和氛围。可以从艺术风格、形态等方面进行考虑，使整个室内环境协调一致。

3. 实用性原则

实用性原则是指家具的设计和摆放应充分考虑其实用性。家具不仅要满足基本的生活需求，还要能够适应各种生活场景，提高居住者的生活品质。

4. 空间性原则

空间性原则是指合理利用室内空间，避免浪费。通过合理的布局，使家具之间以及家具与室内空间之间的关系更加紧凑和高效。

5. 舒适性原则

舒适性原则是指家具的大小、高度和角度应符合人的生理需求，保证使用者的舒适度。例如，椅子和沙发的座高应与人的身高相适应，书桌的高度应适合长时间书写等。

6. 安全性原则

安全性原则是指家具的边角和材质应安全可靠，避免对使用者造成伤害。应选择环保、无害的家具材料，注意边角处理和固定装置的安全性。

7. 采光性原则

采光性原则是指充分考虑室内采光和通风的需求，合理安排家具的位置，避免遮挡光线和通风口。同时，应利用窗帘、百叶窗等调节光线，营造舒适的室内环境。

8. 艺术性原则

艺术性原则是指家具应具有一定的艺术性和审美价值，能够给使用者带来美的享受。可以根据室内风格和个人喜好，选择具有艺术感的家具和装饰品，提升整体的美感。

进行家具设计时，遵循上述原则，可以设计出既实用又美观的家具方案，为居住者创造一个舒适、和谐的生活环境。

陈设

四、装饰品陈设设计

装饰品陈设设计在整个住宅室内设计中占据着较为重要的地位。每个装饰品特性不一，起到的效果也不同，因此，设计时应掌握以下技巧。

1. 装饰品整体风格把控

（1）形态呼应

如图 2-1-42 所示，装饰品与各种家居在形状、纹理、图形、材质上应有互通性，使整个空间看起来是一个整体，从而使其更加协调和统一。

（2）主题呼应

如图 2-1-43 所示，为了突出体现某一空间的主题，在这个空间中，所有的装饰品都应围绕这个主题摆放，所有元素都应与这个主题相关，不能脱离组织。

图 2-1-42　形态呼应

图 2-1-43　主题呼应

2. 对称与平衡的整体效果把握

（1）三角形构造

如图 2-1-44 所示，摆件之间呈现出一种三角形构造，从而营造了一种相互陪衬的和谐感以及高低错落、前后有序的层次感，摆放时，运用三角形构造原则让装饰品组成三角形，能够给人一种稳重而不死板的印象。

（2）一字排开型

如图 2-1-45 所示，一字排开型摆放方式在视觉上给人一种整齐的效果。运用这种摆放方式时，每个配饰个体最好形状和大小相近，类型也应相似。

（3）对称摆放

如图 2-1-46 所示，在家居装饰品的组合中，对称平衡感尤为重要。当装饰品旁有大型家具时，排列的顺序应该从高到低，以避免视觉上出现不协调感，或者保持两个装饰品

图 2-1-44　三角形构造

的重心一致，以制造和谐的韵律感，给人以祥和温馨的感受。

图 2-1-45　一字排开型

图 2-1-46　对称摆放

3. 相同属性装饰品的分类摆放

如图 2-1-47 所示，在装饰品较多的情况下，可以先将装饰品分类，将相同属性的装饰品放在一起。分类后，可依据季节变换、节庆氛围、风格偏好等进行灵活调整，从而带来不同的居家心情。

图 2-1-47　相同属性装饰品的分类摆放

五、绿植陈设设计

在忙碌的城市生活中，人们渴望拥有一个绿色的、生态的居住环境，使自己在紧张的工作之余，能够感受到大自然的舒适和宁静。家居绿植作为一种既美观又实用的装饰元素，受到了越来越多人的喜爱。绿植作为一种重要的室内装饰产品，具有美化环境、净化空气、调节湿度的作用。针对不同空间，绿植陈设设计应有所不同。

绿化

1. 玄关

玄关是住宅室内与室外的过渡空间，是进出住宅的必经之地，也是访客进入室内后产生第一印象的区域。因此，玄关的绿植布置显得尤为重要。一般来说，摆放在玄关的植物都有较好的寓意，如鸿运当头、发财树、金钱树等。不应在玄关摆放带刺或尖角的植物，如仙人掌或仙人球等，以免伤害到人的身体。另外，玄关处常常设置鞋柜，难免会有异味，此时，在玄关摆放一些绿植，也能起到吸收异味的作用，从而使居家生活更加舒适。图 2-1-48 所示为玄关绿植装饰。

图 2-1-48　玄关绿植装饰

109

2. 起居室

起居室是住宅面积最大的空间，它不仅是家庭聚会的场所，也是招待客人的空间。在摆放绿植时，尽量选择寓意好的植物，如富贵竹、万年青、发财树等。

① 起居室中央、沙发或茶几旁可摆放体量较大的盆花，如垂叶榕、龟背竹、苏铁、巴西木、散尾葵、棕榈科植物等；茶几上可摆设插花或较名贵的盆花，如水仙、袖珍椰子、盆菊、月季、红掌、凤梨等。图 2-1-49 所示为茶几绿植装饰。

② 起居室的角落可放置大型的观叶植物或利用攀附栽培的绿萝、合果芋或黄杨、苏铁、紫薇、石榴、蜡梅等盆景，使起居室一角生机盎然。图 2-1-50 所示为起居室角落绿植装饰。

图 2-1-49　茶几绿植装饰

图 2-1-50　起居室角落绿植装饰

③ 起居室的墙壁可配以悬吊栽培植物，如吊竹梅、袋鼠花、常春藤等，以增添室内装饰空间画面的美感。图 2-1-51 所示为墙壁绿植装饰。

3. 厨房、餐厅

厨房是相对潮湿的地方，应选用耐高湿度的植物。此外，在厨房放置一些绿植，还能吸附油烟，降低油烟污染，改善室内环境，减少对人体的危害。菊花、紫薇、茉莉、兰花、丁香等，可以抑制或杀灭餐厅的细菌和病毒，防止蚊子、蟑螂、苍蝇等害虫的危害。图 2-1-52 所示为厨房、餐厅绿植装饰。

　图 2-1-51　墙壁绿植装饰　　　　　　　图 2-1-52　厨房、餐厅绿植装饰

4. 卧室

卧室是人们重要的休息场所，卧室中的绿植不能随意摆放。若摆放不当，不仅无法改善环境，还可能影响人的睡眠质量和身体健康。因此，在选用绿植时应尽量避免刺激性的植物，如仙人掌、多肉等，以及具有轻微毒性的植物。相比之下，吊兰、芦荟等软绿植是很好的选择。图2-1-53所示为卧室绿植装饰。

图 2-1-53 卧室绿植装饰

图 2-1-54 书房绿植装饰

5. 书房

书房作为学习、工作之用，久坐难免导致眼睛干涩。在书房中摆放一些绿色的盆栽植物，不仅能为房间带来生气，还能帮助眼睛放松。在书房中学习、看书时，通常需要保持注意力高度集中，因此最好不要选择太鲜艳的花草盆栽植物，也不要选择花朵或者叶片有浓烈味道的花草植物，以免让人分心，降低学习效率。书房的光照通常不强，所以也不适宜摆放对光照要求比较强的植物，应以耐阴或者喜半阴植物为主。图2-1-54所示为书房绿植装饰。

6. 卫生间

卫生间是住宅中不可或缺的空间，由于其长期处于湿润状态，湿气较重。因此，应选用地钱、蕨类等能够吸附过多的水分、抑制真菌滋生和蔓延的绿植。此外，在卫生间放置绿植还能有效祛除异味。图2-1-55所示为卫生间绿植装饰。

图 2-1-55 卫生间绿植装饰

六、织物陈设设计

织物陈设设计集实用功能和艺术美感于一体。织物在室内陈设设计中的主要功能在于柔化室内的空间结构，在理性的硬装基础上使用恰当的织物以调节和优化功能空间。织物品样式繁多、形式多变、色彩丰富、材质可选择余地较大。如今，装饰织物已经很好地融入室内空间环境，渗透到了日常生活中的方方面面，恰当地运用织物陈设设计可以为住宅空间带来艺术趣味性，体现出居住者的独特艺术品位。

室内陈设中的织物主要包括地毯、窗帘、帷幔、靠垫等，不同区域的织物又有不同的功能与作用。

1. 地毯

图 2-1-56　起居室地毯装饰

地毯具有实用价值和欣赏价值，能起到抗风湿、吸尘、保护地面和美化室内环境的作用。它富有弹性、脚感舒适，且能隔热保温，有效降低空调费用，还能隔音、吸声、降噪，使住所更加宁静、舒适。同时，地毯固有的缓冲作用，能防止滑倒、减轻碰撞，使人步履平稳。此外，地毯丰富而巧妙的图案构思及配色，使其具有较高的艺术性，同其他材料相比，给人以高贵、华丽、美观、舒适而愉快的感觉。按材料的不同可划分为混纺地毯、化纤地毯、剑麻地毯、塑料地毯、橡胶地毯等。图 2-1-56 所示为起居室地毯装饰。

2. 窗帘、帷幔

窗帘、帷幔能够调节室内环境色调，增添室内美感，同时能够有效遮挡外来光线，提供私密性。此外，它们还能保护地毯及其他织物陈设不因日晒褪色，防止灰尘进入，保持室内清洁，并具备一定的隔音、吸声等作用。选择窗帘、帷幔的颜色及图案时，应根据室内的整体性及不同气候、环境和光线而定，还应同室内墙面、家具、灯光的颜色配合，并与之相协调。其常用材料如下：

① 粗料。粗料包括毛料、仿毛化纤织物和麻料编织物等，属厚重型织物。其保温、隔热、遮光性好，风格朴实大方或古典厚重，如图 2-1-57 所示。

② 绒料。绒料含平绒、条绒、丝绒和毛巾布等，属柔软细腻织物。其纹理细密、质地柔和、自然下垂，具有保暖、遮光、隔音等特点，华贵典雅、温馨宜人。绒料可用于单层或双层窗帘中的厚层，如图 2-1-58 所示。

图 2-1-57　粗料织物装饰

图 2-1-58　绒料织物装饰

③薄料。薄料含花布、府绸、丝绸、乔其纱和尼龙纱等，属轻薄型织物。其质地薄而轻，品种繁多，打褶后悬挂效果好，且便于清洗，但其遮光、保暖和隔音等性能较差。薄料可单独用于制作窗帘，也可与厚窗帘配合使用，如图2-1-59所示。

3. 靠垫

靠垫是沙发或床头的装饰性与功能性的附属物，主要借助对比的效果，使家具的艺术效果更加丰富多彩，如图2-1-60所示。

图2-1-59 薄料织物装饰

图2-1-60 靠垫织物装饰

七、室内家具陈设平面空间优化解析

平面布置图是住宅室内设计方案的第一步，也是设计的灵魂。通常一张好的平面布置图须兼顾全面性和系统性，使每一个空间都符合人性化设计，将每一个空间的舒适度发挥到极致，既不冗余浪费，也不局促拥挤。

图2-1-61至图2-1-64所示为平面空间优化方案示例。

图2-1-61 平面空间优化方案（一）

在图 2-1-61 中：

① 增加卫生间洗漱盆的功能性，划分干燥区与湿润区。

② 增加厨房的功能性，将用餐区与厨房、休息区融为一体。

③ 调整卧室空间床的摆放，优化卧室空间的合理性。

④ 优化入户门空间，增加廊道的空间利用。

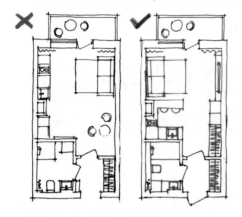

图 2-1-62　平面空间优化方案（二）

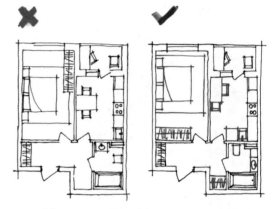

图 2-1-63　平面空间优化方案（三）

在图 2-1-62 中：

① 改变入门处卫生间马桶的方向，让右侧空间更舒适，充分利用碎片化区域扩大浴区空间。

② 调整床的摆放方向，避免与门正对，降低风对床的直吹。

③ 划分厨房与餐厅的功能性，调整水盆与床的距离，增加卧室与厨房的间隔。

④ 重整入户门旁储存空间，增加收纳空间。

在图 2-1-63 中：

① 改变卫生间洗漱盆与马桶位置，扩展洗漱区域的使用功能性。

② 廊道增添柜体，扩大收纳空间。

③ 调整卧室书柜方向，使床位行走更加便利。

④ 整改厨房餐桌，扩大橱柜使用功能。

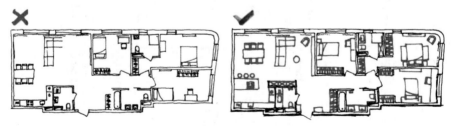

图 2-1-64　平面空间优化方案（四）

在图 2-1-64 中：

① 增加入户门旁空间的角落使用。

② 优化厨房、餐厅、起居室的空间布局，增加岛台空间，在起居室增添柜体，扩容

使用功能。

③ 调整卫生间马桶位置，合理整合使用区域。

④ 调整卧室床与门的关系，增加卧室收纳空间。

八、住宅室内家具陈设设计案例

📖 案例一

平面布置图修改后，打破了原有的常规布局，增强了空间的灵动性和舒适性。同时，增加了起居室的尺度，提高了舒适性。通过餐厨双动线设计，增强了空间的趣味性。此外，着重强调了主卧的配套和舒适性，为居住者提供了一个良好的休憩空间。

室内平面布置
案例（一）

📖 案例二

平面布置图修改后，充分考虑了玄关的功能性和仪式感。同时，起居室与餐厅轴线的巧妙融合，不仅优化了空间动线，还营造出了温馨的仪式感。此外，强化了主卧的功能性，升级了配套形式，旨在为居住者打造一个既实用又充满个性化的私密空间。

室内平面布置
案例（二）

📖 案例三

平面布置图修改后，权衡了玄关对空间的影响，既保留了空间的开阔感，又增强了入户的仪式感。餐厅与水吧的轴线关系，不仅在视觉上相互呼应，更通过环绕动线的设计，促进了空间内的流畅互动。厨房和家政间的设计则展现了功能的对比，强化了舒适性。此外，强化了卧室的配套舒适性，为居住者打造了一个既实用又充满个性化的私密空间。

室内平面布置
案例（三）

📖 案例四

平面布置图修改后，通过巧妙的布局极大地释放了空间，并融入了多层次的环绕设计，增强了空间的舒适感和趣味性。同时，地台的设计集展示和功能于一体，实现了形式与功能的和谐统一。此外，各功能空间的配套设计也经过了深思熟虑，确保每个区域既能独立运作，又能相互支持。

室内平面布置
案例（四）

案例五

平面布置图修改后，权衡了动线对空间的影响，优化了起居室和餐厅之间的轴线对应关系，强化了视觉对景的层次与美感。同时，加强了空间功能配套和细节处理，营造出既实用又和谐的居住氛围。

室内平面布置
案例（五）

任务实训

实训内容：

手绘优化室内平面布置图。

实训要求：

① 手绘优化室内平面布置图，具体要求如表 2-1-17 所示。

表 2-1-17　　　　　　　　　　　室内平面布置图内容及要求

主要内容	相关要求
手绘优化室内平面布置图	整体功能布局合理，流线顺畅，图面整洁
	按制图标准正确运用线型和线宽，线型分明，线宽合理
	准确绘制家具陈设，符合制图要求及人体工程学要求
	按制图标准正确标注尺寸、比例
	合理标注文字说明和图名

② 撰写设计优化说明，并进行展示讲解。

任务评价

实训评价标准如表 2-1-18 所示。

表 2-1-18　　　　　　　　　　　实训评价标准

序号	评价项目		评价内容	分值	评价标准
1	学习态度	课前学习	能够自主完成课前学习任务，养成自主探索、持续提升的学习习惯	10分	通过网络教学平台系统进行课前学习成果、预习情况监测，平台综合打分
2	基本素质	职业素养	能够按照进程完成项目任务，学习态度端正，能够主动探索专业知识和专业技能；能够严格遵守相关实习、实训纪律，规范作业，安全操作	10分	各项内容每出现一处不完整、不准确、不得当处，扣1分，扣完为止
		团队协作	能够团队互助，协作完成工作任务，具有良好的沟通表达能力	10分	

续表

序号	评价项目	评价内容		分值	评价标准
3	任务实训	构思立意	家具陈设设计具有创意性,构思新颖,准确表达设计创意、创新亮点	10分	各项内容每出现一处不完整、不准确、不得当处,扣0.5分,扣完为止
		设计方案	家具设计风格符合整体设计定位,体现当下流行趋势;陈设、绿化设计合理、美观,体现客户个性;方案图纸规范、完整、清晰,能够体现设计构思	40分	
		设计汇报	对设计成果进行汇报展示,语言表达流畅,能够体现室内设计师的专业素养	20分	各项内容每出现一处不完整、不准确、不得当处,扣1分,扣完为止
总计				100分	

任务拓展

① 收集色彩平面布置图手绘案例,思考设计风格定位及表现。

② 探究平面空间人体工程学尺寸和空间尺度。

③ 预习住宅室内照明设计内容。

任务五　住宅室内照明设计

● 学习目标

1. 素质目标:弘扬中华美育精神,在设计中传承中华优秀传统文化,树立绿色发展的理念,在设计中提倡生态发展观。

2. 知识目标:了解光的基本概念和光环境的分类;理解照明方式;熟悉照明布局形式;掌握照明设计的原则、特点及应用。

3. 能力目标:能够运用所学知识进行住宅室内照明设计;具备手绘表现能力;具有顶棚设计概念图表现能力。

● 教学重点

照明设计的原则及灯具应用。

● 教学难点

灯具的特点及应用区域。

● 任务导入

住宅室内照明设计不仅能够满足人们视觉的需求,同时也是美学的一种体现,它直接影响着人们对空间、物体、色彩的感知。

本任务结合前期平面布置图,考虑客户使用需求,进行住宅室内照明设计。手绘顶棚平面图,注意设计合理性、实用性、美观性。

一、采光类型

住宅室内空间中的采光主要分为自然采光和人工照明。其中，人工照明不仅要考虑照明的效果，还要考虑灯具的造型与风格、光源的冷暖效果等方面。设计时，应合理搭配人工照明与自然采光，设计照明灯具和亮度分布，使住宅室内空间满足人们日常生活、休闲、学习等需求，创造舒适的照明环境。

图2-1-65　人工照明与自然采光结合的起居室效果

光环境对人的生理和心理都会产生较大的影响，是影响人类行为最直接的因素之一。图2-1-65所示为人工照明与自然采光结合的起居室效果。

① 人工照明。人工照明是指由人工设备发出的、通过灯具为室内提供光线的做法。它是夜间的主要照明方式，也可用于弥补白天室内光线的不足。

② 自然采光。自然采光是指直接将日光引入室内的做法。

人工照明可以提供大量高强度的光，可以根据需要调整和控制光的颜色、温度和强度，能够满足不同亮度需求。自然采光的色温比人工照明系统低，照射出来的光线更加柔和，能够提供温暖、舒适的自然光照明效果。

二、照明方式

由于人工照明灯具造型的不同，其所产生的光照效果也不同。人工照明的照明方式可分为直接照明、半直接照明、间接照明、半间接照明和漫射照明。

（1）直接照明

直接照明是指光源裸露在外，由灯光直射，其中90%～100%的光线投射在被照物体上，如图2-1-66所示。它具有强烈的明暗对比，能形成生动的光影效果，但其光线刺眼、炫目。在这种方式中，光源直接打下来的光，直接照到想要的区域或物品，以提供简洁明快的感觉，它可以作为基础照明、重点照明等照明手段。

（2）半直接照明

半直接照明是指光源由半透明材料制成的灯罩罩住，60%～90%的光线射向墙面和

图2-1-66　直接照明

地面，10%～40%的光线经半透明材料制成的灯罩扩散而向上形成漫反射，其光线比较柔和，如图2-1-67所示。与直接照明相比，半直接照明适合较低房间的照明，由于漫射出的部分光线能照亮顶棚，因而能产生较高的空间感。

（3）间接照明

间接照明是指将光源隐藏而产生间接光，靠灯光的反射、折射照明，其中90%～100%的光线通过天棚或墙面反射在工作面上，10%及以下的光线直接照射在被照物体上，如图2-1-68所示。其灯光效果柔和，与其他照明方式配合使用。间接照明主要是从一个表面反射出来的，然后才散布到整个环境中，一般作为辅助照明、装饰照明使用，但在小空间或对照明亮度需求不高的空间，也可作为基础照明使用。

图2-1-67 半直接照明

图2-1-68 间接照明

（4）半间接照明

与半直接照明相反，半间接照明将由半透明材料制成的灯罩装在灯泡下部，其中60%～90%的光线射向顶面，形成间接光源，10%～40%的光线经灯罩向下扩散，如图2-1-69所示。它通常与其他照明方式配合使用。这种方式能产生比较特殊的照明效果，使较低矮的房间有增高的感觉，也适用于住宅中的小空间部分，如门厅、过道等。

（5）漫射照明

漫射照明是指利用灯具的折射功能来控制眩光，使光线从灯罩上口射出，经平顶反射，向四周扩散漫射。也可以用半透明磨砂灯罩或乳白色灯罩将光线全部封锁起来，使其产生多方向的漫射。这种方式光线柔和，视觉效果比较舒服，适用于卧室等空间，如图2-1-70所示。

图2-1-69 半间接照明

图2-1-70 漫射照明

照明设计的原则

三、照明设计的原则

1. 实用性

照明设计要满足生活、工作、学习的功能需求。应结合功能选择照明灯具的光源、照度、投射方向和角度，使照明设计与空间功能、使用性质、空间造型、色彩设计、家具陈设等相协调，以取得良好的空间效果。

2. 安全性

照明设计的电路和配电方式要符合安全标准，不允许过载、漏电。开关、线路、灯具都要有安全保护，以避免火灾和伤亡事故的发生。

3. 经济性

照明设计应选择节能技术先进的灯具，在保证照明效果的前提下节约能源。

4. 艺术性

照明灯具除了具有实用性外，还具有装饰作用。因此，选择的灯具要符合整体设计风格特点，正确选择照明方式、光源种类、灯具造型及灯具尺寸，并应处理好光的色彩与投射角度，以丰富空间层次，增强艺术效果。

图 2-1-71 和图 2-1-72 所示分别为起居室和卧室照明设计效果。

图 2-1-71　起居室照明设计效果

图 2-1-72　卧室照明设计效果

四、灯具的分类

1. 吸顶灯

吸顶灯上方较平，是吸附或嵌入屋顶天花上的灯饰，安装时底部完全贴在顶棚上。其造型多样、简约，能够适应不同的设计风格。此外，它还具有光线柔和、易于安装、节能省电、健康环保、安全性强、经济实惠、适用广泛等特点。

吸顶灯是住宅室内的主体照明设备。直径 200mm 左右的吸顶灯适宜在过道、门厅、阳台使用；直径 500mm 左右的适宜安装在 $15m^2$ 左右的卧室顶部；直径 800~1000mm 的适宜在起居室应用。

2. 吊灯

吊灯是吊装在室内天花上的高级装饰用照明灯。无论是以线绳还是以吊杆垂吊吊灯，都不能吊得太矮，以确保既不阻碍人们正常的视线，又不使人觉得刺眼。吊灯具有美观性、功能性、多样性、装饰性等特点。

用于住宅室内空间的吊灯分为单头吊灯和多头吊灯两种。单头吊灯多用于卧室、餐厅，多头吊灯多用于起居室。对于吊灯的安装高度，其最低点应离地面不小于 2200mm。大型豪华吊灯一般适合大户型住宅，而简洁式吊灯则适合普通住宅。

3. 筒灯

筒灯一般分为明装筒灯和暗装筒灯两种。明装筒灯是将整个灯具完整安装在天花上或墙壁外侧，其光照比较充足。暗装筒灯是将灯具嵌入天花内，或者将一部分暗装在墙壁洞内，外面仅剩一个透光面板。筒灯具有易于安装、光通量高、材质多样、灵活多变、美观实用等特点。

相对于普通灯具，筒灯更具聚光性，一般用于起居室、卧室、书房、走廊、阳台等空间的普通照明或辅助照明。通常来说，明装筒灯的造型较为美观，款式新颖，常用在起居室、卧室等较显眼的地方，可以单个使用，也可多个组合使用；暗装筒灯的光照范围较小，适合安装在走廊、阳台等面积较小的地方，或者作为辅助照明使用。

4. 射灯

射灯是典型的无主灯、无定规模的现代照明灯具，既能作为主体照明，又能作为辅助光源。射灯具有可自由变换角度、光线柔和、时尚潮流等特点。

射灯是一种高度聚光的灯具，其光线照射可指定特定目标，主要用于重点照明。射灯一般在重点表现某些局部空间或者突出某个物体时使用，它发出的光线较为集中，可在被照射区域强化照明效果，丰富空间的照明层次。

5. 斗胆灯

斗胆灯又称为格栅射灯，其灯具内胆使用的光源外形类似斗状。斗胆灯具有光线可调、提高光亮度、材质优良、造型美观、照明质量高等特点。

斗胆灯应用较为灵活，既可以单个安装使用，也可多灯组合集中安装在吊杆上，构成高杆照明装置。

6. 壁灯

壁灯是安装在室内墙壁上的辅助照明装饰灯具，一般多配用不同材质的灯罩。壁灯具有光线淡雅、款式多样等特点。

壁灯多用于楼梯、走廊，适宜作为长明灯；床头壁灯多安装在床头两侧的上方，其光束集中，便于阅读；镜前壁灯多安装在卫生间梳妆镜附近，作为局部照明使用。

7. 灯带

灯带又称为灯条，是一种 LED 照明产品。灯带具有安全性高、节能省电、柔软多变、耐用性强等特点。

灯带可以进行剪切和延接，适用于起居室、卧室、书房等空间中各种造型的吊顶。

五、照明布局形式

1. 基础照明

基础照明是最基本的照明方式，也称为环境照明或全局照明。一般选用光线较为均匀且全面的照明灯具，如吊灯、吸顶灯等，如图 2-1-73 所示。

2. 重点照明

重点照明是指对主要场所和对象进行的重点投光，目的在于吸引人的注意力。一般选用光线方向性较强的灯，如射灯、筒灯等，如图 2-1-74 所示。

图 2-1-73　基础照明　　　　　　　　　　　图 2-1-74　重点照明

3. 装饰照明

装饰照明是以装饰为目的的独立照明，旨在增加空间层次，营造环境气氛，如壁灯、灯带等，如图 2-1-75 所示。

图 2-1-75 装饰照明

六、照明设计方法

照明设计方法

住宅室内设计不仅注重室内空间的构成要素，还重视照明对室内环境所产生的美学效果以及由此而产生的心理效应。因此，灯光照明不仅是延续自然光，还应在室内空间中充分利用明与暗的搭配、光与影的组合，从而创造一种舒适、优美的住宅室内环境。根据住宅空间每个区域的不同功能，照明设计的应用也不同。

1. 玄关

玄关是进入住宅的第一印象。由于建筑结构户型的不同，大部分玄关可能无法利用自然采光，除别墅式住宅之外，普通住宅玄关通常面积不大，因此需要对玄关空间的照明进行重点考虑。

玄关照明设计应与整个住宅室内的设计风格一致。照明灯具可选择规格较小的筒灯、小型吸顶灯、单头小吊灯或者嵌入式的灯带，灯光颜色可使用色温较低的暖光，给人以温馨、舒适的感受，如图 2-1-76 所示。

2. 起居室

图 2-1-76 玄关照明设计

起居室是住宅室内的公共活动区域，主要功能包括家人聚谈、接人待客、视听阅读、休闲娱乐等。因此，起居室的照明设计需要满足多种功能需求。可以通过不同照明灯具的组合应用，调节亮度和氛围。除了使用调光开关外，还可以采用具有场景记忆的调控装置等进行控制。此外，还可采用落地灯、台灯作为局部照明，以满足有阅读需求的居住者。

起居室照明设计可以从电视墙照明、沙发墙照明、装饰品照明三个方面考虑。

（1）电视墙照明

在电视机后方设置灯带等暗藏式的背光照明，或利用射灯投射到电视机上方的光线，来减轻视觉的明暗对比，缓解长时间注视电视屏幕而产生的疲劳感。

（2）沙发墙照明

沙发背景如果设计有独特的造型或者布置成照片墙，可以使用辅助光源营造气氛。同时，可以运用光线柔和且不过于聚集的筒灯，或是可调角度的射灯，以提高舒适度。

（3）装饰品照明

对于起居室的挂画、盆景、艺术品等陈设，可以使用具有聚光效果的射灯进行重点照明，不仅能够加强空间的光影层次，还能突出居住者的个人品位和空间特色。

图 2-1-77 所示为起居室照明设计。

图 2-1-77　起居室照明设计

3. 餐厅

餐厅作为用餐区域，照明应柔和、温馨，并应具有足够的亮度。如果灯光太暗或太冷，会削弱食物的色泽，降低用餐者的食欲，进而影响用餐体验。

图 2-1-78　餐厅照明设计

餐厅照明设计中，灯具的选择主要根据层高确定。层高较高时，可以使用吊灯，灯具距桌面 700mm 为佳。若灯具较大或有多个灯具，总宽度不应超过桌子长度的 1/2。餐厅和起居室相通或相邻时，其灯具的选择可以延续起居室的风格，也可选择起居室灯具的较小型号，从而使得整个空间更加协调和美观。

图 2-1-78 所示为餐厅照明设计。

4. 厨房

厨房是备餐区域，有较多油烟。在灯具的选择上，应以实用为主，外形简单大方，便于清洁，多使用集成吊顶。厨房顶部的主光源照明会被厨房吊柜和使用者遮挡，在操作台形成暗区，因此，可在吊柜下方或水槽上方安装感应灯带，增加操作台的亮度，以便于操作。

图 2-1-79 所示为厨房照明设计。

5. 卧室

卧室作为休息区域，是住宅中私密性较强的空间，能够舒缓身心、养精蓄锐。卧室照明设计尽量选择柔和、安静的灯光，采用低亮度、低色温的光线结构，从而有效促进睡眠。

卧室照明通常分为基础照明、局部照明和装饰照明。基础照明可满足起居休息的需求，局部照明可满足梳妆、阅读、更衣等需求，装饰照明可以营造卧室的空间氛围。

（1）基础照明

基础照明最好选用暖色光，以营造卧室温馨的氛围，并有助于睡眠。避免使用过强或过冷的光线，以免使房间显得冰冷、呆板。

（2）局部照明

可以设置床头灯作为局部照明，从而方便阅读。其灯光亮度应适宜，灯具多用台灯、小吊灯、筒灯等。对于梳妆台区域，可以在梳妆镜两侧安装照明灯具，也可使用自带照明灯光的智能梳妆镜，从而方便整妆。

（3）装饰照明

在卧室中巧妙地使用灯带、落地灯、壁灯或小型的吊灯，可以更好地营造卧室的气氛。如果设计了卧室床头背景墙，或者有一些特殊的装饰材料或精美的装饰品，可以在上方安装射灯以烘托气氛。值得注意的是，应选择可调节方向的射灯，使灯光照射在墙面上，避免照射到躺在床上的人。

图 2-1-80 所示为卧室照明设计。

图 2-1-79　厨房照明设计

图 2-1-80　卧室照明设计

6. 儿童房

儿童房一般兼有学习、游戏、休息、储物的功能，是儿童的天地。因此，其照明亮度通常比普通卧室高，同时，光线应柔和，以使房间产生温暖、祥和的氛围。儿童房对于照明灯具的需求较多。随着孩子的成长，不同时期需要具备不同照明效果的灯具，如学习护眼灯、卡通造型灯等。值得注意的是，应确保光线适度，这对于孩子的视力等方面尤为重要。

图 2-1-81 儿童房照明设计

儿童房通常结合基础照明和局部照明来配置灯具。基础照明使用吊灯或吸顶灯以营造明亮的空间环境，局部照明使用台灯、壁灯、射灯等以满足学习、玩耍等不同的照明需要。在灯具的选择上，应注意造型和色彩的趣味性。尽量选择能够调节亮度的灯具，夜晚入睡时，可以将光调得稍暗一些，以增加孩子的安全感，帮助孩子尽快入睡。

图 2-1-81 所示为儿童房照明设计。

7. 书房

书房是工作、学习、阅读的区域，其照明设计应选择简洁的灯具，灯光应明亮、自然、均匀，避免造成视觉疲劳。书房的书桌一般设有台灯，书柜内安装射灯或灯带，从而便于使用者阅读和查找书籍，也可作为一些陈设品的重点照明。台灯以白炽灯为好，功率最好在 60W 左右，其光线应均匀照射在读书写字的区域，且不宜离人太近，以免强光刺眼。此外，长臂台灯更加适合书房照明。若书房配备沙发，也可以选用可调节方向和高度的落地灯。

图 2-1-82 所示为书房照明设计。

图 2-1-82 书房照明设计

8. 卫生间

卫生间的灯具应具有较高的防水性和安全性，多使用集成吊顶，也可使用筒灯、射灯、灯带等作为空间的主照明。同时，卫生间的功能性照明也很重要，主要是浴室镜周边灯光的搭配，可以在镜子前安装壁灯、筒灯等进行辅助照明，提升卫生间整体的装饰效果与氛围，同时确保用户照镜子时视线清晰，从而满足日常洗漱和化妆的需要。此外，可以在卫生间的墙面周围安装灯带，这种设计既简单又美观，而且更容易突显个性和格调。射灯适合安装在吊顶中，既可在洗脸盆、马桶、浴缸的顶部形成局部照明，也可以巧妙设计成背景灯光以烘托环境气氛。

图 2-1-83 所示为卫生间照明设计。

图 2-1-83 卫生间照明设计

七、照明设计技巧

1. 定位和需求

进行住宅室内照明设计时，首先，灯光应符合整体设计定位和空间已有的风格定位；其次，灯光还可以强调空间的造型，对于空间部位的重点表现，可以通过灯光突显；此外，对于住宅室内不同的功能空间，可利用灯光设计不同的主题或模式，以满足不同功能的照明需求。

图 2-1-84　起居室无主灯照明效果

图 2-1-84 所示为起居室无主灯照明效果。

2. 比例和层次感

舒适温馨是居住者对住宅空间的基本要求，而照明是营造氛围的最佳手段。不同的灯

具、光源可以体现不同的风格，从照明方式入手，通常应用不同的照明组合形式，以形成空间的比例和层次感。起居室吊灯、射灯、落地灯结合照明效果如图 2-1-85 所示。

3. 明暗和衬托

灯具的布局应合理，可以适当利用特色灯具以满足居住者的喜好，衬

图 2-1-85　起居室吊灯、射灯、落地灯结合照明效果

托出其他光源效果。在满足基础照明的基础上，以辅助式光源增强空间的层次感，利用光源的照度和色温来调整空间的明暗对比。

图 2-1-86 所示为儿童房特色灯具照明效果。

4. 细腻和舒适

照明设计不仅要注重灯光，还要注重灯饰本身。在照明设计中，色温选择应适当，要给人以舒适感，不同功能区域的色温要有所差别，以表现空间细节的细腻感。

图 2-1-86　儿童房特色灯具照明效果

图 2-1-87 所示为餐厅吊灯照明效果。

图 2-1-87　餐厅吊灯照明效果

任务实训

实训内容：

手绘顶棚平面图，注意设计合理性、实用性、美观性。

实训要求：

① 结合设计意向及平面布置图，进行住宅室内照明设计。

② 绘制顶棚平面图，并进行展示讲解，具体要求如表 2-1-19 所示。

照明设计
任务实训

表 2-1-19　　顶棚平面图内容及要求

主要内容	相关要求
手绘顶棚平面图	整体顶棚设计、灯具选用合理、流线顺畅、图面整洁
	按制图标准正确运用线型和线宽，线型分明，线宽合理
	准确绘制顶棚、灯具，绘制灯具图例表
	按制图标准正确标注尺寸、比例
	合理标注文字说明和图名
	整体方案符合社会发展潮流，能够体现新材料、新工艺和新技术规范，体现绿色、科技和可持续发展要求

任务评价

实训评价标准如表 2-1-20 所示。

表 2-1-20　　实训评价标准

序号	评价项目		评价内容	分值	评价标准
1	学习态度	课前学习	能够自主完成课前学习任务，养成自主探索、持续提升的学习习惯	10 分	通过网络教学平台系统进行课前学习成果、预习情况监测，平台综合打分

序号	评价项目		评价内容	分值	评价标准
2	基本素质	职业素养	能够按照进程完成项目任务,学习态度端正,能够主动探索专业知识和专业技能;能够严格遵守相关实习、实训纪律,规范作业,安全操作	10分	各项内容每出现一处不完整、不准确、不得当处,扣1分,扣完为止
		团队协作	能够团队互助,协作完成工作任务,具有良好的沟通表达能力	10分	
3	任务实训	构思立意	照明设计具有创意性,构思新颖,准确表达设计创意、创新亮点	10分	各项内容每出现一处不完整、不准确、不得当处,扣0.5分,扣完为止
		设计方案	照明设计风格符合整体设计定位;照明功能全面,符合客户需求;方案图纸规范、完整、清晰,能够体现设计构思	40分	
		设计汇报	对设计成果进行汇报展示,语言表达流畅,能够体现室内设计师的专业素养	20分	各项内容每出现一处不完整、不准确、不得当处,扣1分,扣完为止
总计				100分	

任务拓展

① 收集住宅室内常用的灯具图片,分析归纳不同照明灯具的应用技巧。

② 探究当下室内设计流行的色彩,搜集相关图片作为设计素材。

③ 预习住宅室内色彩设计内容,熟悉色彩的属性及应用。

任务六 住宅室内色彩设计

• **学习目标**

1. 素质目标:培养学生对住宅室内色彩设计的兴趣和热爱,增强美学素养和艺术鉴赏能力,树立正确的价值观和职业道德观。

2. 知识目标:了解住宅室内色彩设计的基本原理;熟悉住宅室内色彩设计手绘技术;掌握住宅室内色彩设计的方法和技巧。

3. 能力目标:能够根据住宅的功能、风格以及居住者的需求,选择合适的色彩进行搭配,营造舒适、美观的室内环境。

• **教学重点**

住宅室内色彩设计方法,室内色彩设计的审美及整合。

• **教学难点**

色彩搭配的运用、空间感的表达、创意性思维培养。

色彩作为室内设计中不可或缺的元素，对营造室内氛围、彰显空间个性起着至关重要的作用。因此，住宅室内色彩设计旨在通过精心的色彩规划与运用，创造出既符合居住者需求，又充满艺术气息的室内空间。

本任务根据客户需求，结合前序任务设计方案，进行住宅室内色彩设计，包括色彩平面草图、色彩立面草图以及主要空间色彩效果图。

一、色彩在住宅室内设计中的作用

随着社会的发展，人们生活水平显著提升，其对于居住环境的要求也越来越高。作为满足人们使用需求与精神需求的产物，住宅室内设计稳步发展。色彩作为设计的关键要素之一，也逐渐受到重视。科学合理地运用色彩，不仅能够调节室内空间，还能使居住者获得更佳的视觉与心理体验。色彩在住宅室内设计中的作用如下。

1. 调节室内温感

（1）温感

色彩的温感并非仅与物理温度相关，不同的色彩可以引发不同的情感反应。例如，黄色和红色通常与阳光、温暖和活力相关联，而蓝色和紫色则可能引发冷静和平静的感觉。这种情感反应可以进一步影响人们的心理状态和情绪，从而影响人们对室内环境的整体感受。

（2）季节性考虑

北方冬季天气寒冷，使用暖色调可以增强室内的温暖感，帮助人们更好地应对寒冷的气候，如红色、橙色和黄色，这些颜色能够营造出舒适、温馨的氛围，为人们提供一种温暖和亲密的感觉。而南方天气炎热，使用冷色调可能更为合适，如蓝色、绿色和紫色，这些颜色能够为人们提供一种凉爽、清新和宁静的感觉。

（3）照明的影响

除了色彩本身，照明也是影响室内温感的重要因素。暖色调的灯光可以增加室内的温暖感，而冷色调的灯光则可能产生一种清凉的感觉。因此，在调节室内温感时，还需要考虑照明设计和灯光的色温选择。

2. 调节人的心情

（1）色彩心理学

不同的色彩在心理学上具有不同的意义，能够引发不同的情感反应。红色通常与激情、爱情和能量相关联，能够激发人们的活力和热情；橙色通常与幸福和欢乐相关联，能够营造出欢快和温暖的氛围；绿色则与自然和安宁相关联，能够给人带来平静和放松的感觉。应了解色彩心理学知识，在设计时应根据目标氛围或情感选择合适的颜色，以调节人们的情绪和心情。

（2）文化影响

不同文化对色彩的感知也有所不同，某些颜色可能在某些文化中具有特定的意义或象征。例如，在中华文化中，红色通常象征着吉祥、繁荣和好运；而在西方文化中，蓝色则可能象征着稳定和信任。因此，在设计时需要考虑目标受众的文化背景，以选择适合的颜色方案，更好地满足人们的情感需求。

（3）个人偏好

除了色彩心理学的普遍规律和文化影响外，个人的偏好和经历也会影响人们对色彩的情感反应。有些人可能对某种颜色有特殊的喜好或情感联系，而有些人则可能对某种颜色产生负面情感反应。因此，在设计时需要考虑目标受众的个人偏好和经历，以选择适合的色彩方案。

3. 色彩界定空间

（1）色彩划分空间

用色彩划分住宅室内不同的功能区域，其优势在于省时省力、经济快捷、效果明显。值得注意的是，每一个区域的色调应和整体设计的主色调相协调。例如，在餐厅区域，不宜大面积使用黑色或纯度过低的颜色，以免营造沉重和压抑的氛围；同时，也要慎用过于混浊的色彩，以免给人带来一种不干净的感觉。

（2）色彩调整空间

正确使用色彩能够有效调整空间，如空间太暗、太小或太窄等问题。深色会产生贴近感，而明亮的颜色则会使人产生反差感。利用这些色彩特性，可以调整空间比例。

（3）色彩增强空间视觉效果

不同的色彩可将人的视线聚集到不同的地方，可用于改变空间中的光感和气氛。缺乏光照、偏暗的空间，可采用阳光系色彩装饰，如黄色系、金色系、红色系，以增添明亮感；温热色调的颜色能够使空旷的空间变得更有亲切感；冷色（如淡蓝色和淡绿色）能够创造出一种明亮的感觉。例如，起居室、餐厅的背景墙以一种协调但有区别的色彩装饰，可以在视觉上将墙面与前邻的座位空间分开，又不会产生任何不和谐的感觉，使空间更具层次感。色彩能够影响人的情感和情绪，也能给同一个空间带来完全不同的风格变化。

二、住宅室内色彩设计原则

色彩在住宅室内设计中至关重要，遵循色彩设计原则，能够使住宅空间更加和谐、统一、有序，从而使人们感到舒适、愉悦和满足。

1. 和谐原则

和谐原则是指空间中色彩相互协调，在差异中趋向一致的视觉效果，它是构建空间整体氛围的重点之一，如图 2-1-88（a）所示。

2. 主次原则

主次原则是指色彩有主次之分，形成空间基调的色彩是主体色，衬托色和点缀色是次要色，如图 2-1-88（b）所示。次要色对空间的色调不起决定作用，通过与主体色对比，能够起到丰富空间的作用。

3. 均衡原则

均衡原则包括两层含义：一是空间重量感的均衡；二是色彩对比上的相对稳定感。为使空间均衡、统一，应避免一边倒或头重脚轻的情况出现。稳定的色彩关系能够使空间具有舒适、幽雅的视觉效果，也是色彩具有美感的表现，如图 2-1-88（c）所示。

4. 节奏原则

节奏原则是指空间中色彩的配置应富有节奏感，以产生统一中富有变化的美感。若空间中都是比较极端的颜色，如大红、大紫，往往令人烦躁不安；若全是灰色，则会显得沉闷，缺乏活力。只有将纯色、中间色、灰色进行合理搭配，才能获得富有节奏感的空间效果，如图 2-1-88（d）所示。

(a) 和谐原则

(b) 主次原则

(c) 均衡原则

(d) 节奏原则

图 2-1-88　色彩设计原则

三、住宅室内色彩设计类型

住宅室内色彩
设计类型

住宅室内色彩主要分为三大部分：一是背景色，它作为大面积的色彩，对其他室内物品起衬托作用；二是主体色，其在背景色的衬托下，以在室内占有统治地位的家具为主体色；三是重点色或强调色，它作为室内重点装饰和点缀，其面积较小却非常突出。

1. 调和色的协调

调和色的协调包括单纯色协调、同类色协调和近似色协调。单纯色协调，即通过一种颜色在其深浅层次上的变化来求得协调效果，如图 2-1-89 所示。这种协调虽视觉上朴素淡雅，但会产生平淡与单调感。同类色协调是指同时使用色环上的邻近色，这种方式更容易使得室内色调统一和谐，适合庄重、高雅的空间，但也容易出现单调的效果。近似色协调在色环上的距离要大于同类色。

图 2-1-89　单纯色协调

2. 对比色的协调

对比色是色环上相对应的两个颜色，它们的特点是冷暖对比强烈，视觉上有跳跃感，使得室内空间充满活力。应用时，要掌握其特点，对于不同使用功能的空间应采取恰当的颜色关系。对比色的协调应用于气氛热烈的空间中，从而使人产生兴奋的情绪，如图 2-1-90 所示。

图 2-1-90　对比色协调

四、住宅室内色彩设计技巧

1. 不同功能空间的色彩设计

起居室作为会客、交流的区域，应使用简洁明亮的颜色；卧室作为睡觉、休息的区域，应使用柔和、典雅、安静的颜色；儿童房为突出儿童心理特征，应使用鲜艳、活泼的颜色。

图 2-1-91　色彩扩大空间感效果图

2. 用色彩扩大空间感

冷色、浅色、轻快而不鲜明的色彩具有扩大空间的感觉；小房间、暗房间，应选用饱和的黄色、鲜亮的浅蓝色等，从而营造宽敞、明亮的感觉；各界面（顶棚、地面、墙面）色彩应统一，或者减小界面之间的色差，使空间显得更加开阔；大型家具过多时，可将家具设置为和背景色相同或相近的颜色，从而使得空间井然有序。

图 2-1-91 所示为色彩扩大空间感效果图。

3. 用色彩调整空间冷暖感

针对不同的气候条件，运用不同的色彩也可在一定程度上改变环境氛围。在严寒的北方，人们喜欢更加温暖的氛围，因此墙面、地面、家具、窗帘等选用暖色会有温暖的感觉。反之，南方气候炎热潮湿，采用青、绿、蓝等冷色，则会带来较为凉爽的感觉。

在同一家庭中，色彩选择也应有所侧重。卧室色调应暖一些，从而营造温馨的氛围；书房应用冷色调，使人能够集中精力学习和工作。图 2-1-92 所示为不同色调的卧室和书房。

(a) 暖色调卧室

(b) 冷色调书房

图 2-1-92　不同色调的卧室和书房

人口较少的家庭居室配色宜选用暖色，人口多而喧闹的家庭居室宜选用冷色。宽敞的居室宜采用暖色，以免房间给人以空旷感；较小的房间可采用冷色，从而在视觉上扩大空间感。图 2-1-93 所示为不同色调的起居室。

(a) 暖色调起居室　　　　　　　　　　　(b) 冷色调起居室

图 2-1-93　不同色调的起居室

五、住宅室内手绘色彩草图设计

1. 准备工作

设计方案敲定后即可进入色彩设计环节，所需的绘图工具如图 2-1-94 所示。

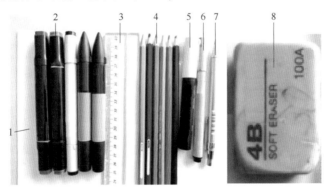

1—A3/A4 绘图纸（厚）；2—马克笔（120 色）；3—40cm 槽尺；4—水溶彩色铅笔；5—高光笔；
6—针管笔；7—0.5mm 自动铅笔；8—橡皮。

图 2-1-94　绘图工具

2. 手绘平面草图

平面图是室内设计中最为基本和重要的图样，它可以展示出整个空间的布局与功能，但各个阶段平面图的表现方式有所不同。施工图阶段的平面图较为准确，表现较为细致；分析或构思方案的平面图较粗犷，线条较为醒目，多用于表达设计思路和空间构想，具有图解的特点，称为平面草图，如图 2-1-95 所示。

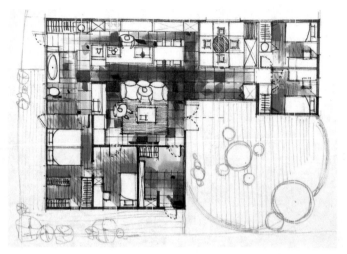

图 2-1-95　平面草图

3. 手绘立面草图

立面草图首先应表现立面的造型，因为立面是进入室内空间后最易感知的地方，它是室内空间装饰的重点。在围合的室内空间立面中，往往会有一个立面在造型、材质、色彩等形式美感方面相较于其他立面更加突出，这个立面就是室内设计中最重要的主立面。手绘立面草图步骤如下：

① 根据平面轴线柱网尺寸，确定轮廓线。用铅笔按比例画出立面图的长、宽、高及楼层分割线，以及其他主要立面结构的分割线，如图 2-1-96 所示。

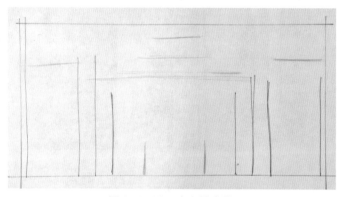

图 2-1-96　确定轮廓线

② 根据平面功能及设计需求，按比例绘制各个立面区域的细节，包括墙面造型、家具、植物配景等，如图 2-1-97 所示。

③ 深化细节。对立面图的材质细节进行完善，如图 2-1-98 所示。

④ 上色。立面草图的上色从玻璃、墙面、色彩识别度较高的部分开始，使用马克笔平涂时注意留白，色彩的选择应保持材质的固有属性，如图 2-1-99 所示。接着，进一步深化立面图的细节，应注意立面图整体的着色原则，即以突出立面的前后关系、立面材质关系为主。

图 2-1-97　绘制各个立面区域的细节

图 2-1-98　深化细节

图 2-1-99　上色

4. 绘制主要空间色彩效果图

完成手绘之后，可以在色彩手绘草图（图 2-1-100）的基础上，使用电脑制作主要空间色彩效果图，如图 2-1-101 所示。这种效果图不仅细节表现到位，还更节省时间。

图 2-1-100　色彩手绘草图

图 2-1-101　主要空间色彩效果图

✖ 任务实训

实训内容：

绘制色彩平面草图、色彩立面草图以及主要空间色彩效果图。

实训要求：

① 对设计草图进行上色，具体要求如表 2-1-21 所示。

表 2-1-21　　　　　　　　　　　图纸内容及要求

序号	主要内容	相关要求
1	色彩平面草图	整体功能布局合理,流线顺畅、图面整洁
		上色合理且材质表达准确,画面整体效果得当,能够表现设计创意
2	色彩立面草图	立面设计与位置符合整体方案设计效果,符合设计元素及思路
		上色合理且材质表达准确,画面整体效果得当,能够表现设计创意

② 绘制主要空间色彩效果图，具体要求如表 2-1-22 所示。

表 2-1-22　　　　　　　　　　主要空间色彩效果图内容及要求

主要内容	相关要求
主要空间色彩效果图	整体方案紧扣设计主题
	构图完整、精细,透视准确,并与整体设计方案相对应
	空间形体的结构、转折关系明确,家具以及空间装饰的造型、轮廓、体量关系表达清晰
	上色合理且材质表达准确,画面整体效果得当,能够表现设计创意

📝 任务评价

实训评价标准如表 2-1-23 所示。

表 2-1-23　　　　　　　　　　　实训评价标准

序号	评价项目		评价内容	分值	评价标准
1	学习态度	课前学习	能够自主完成课前学习任务,养成自主探索、持续提升的学习习惯	10分	通过网络教学平台系统进行课前学习成果、预习情况监测,平台综合打分
2	基本素质	职业素养	能够按照进程完成项目任务,学习态度端正,能够主动探索专业知识和专业技能;能够严格遵守相关实习、实训纪律,规范作业,安全操作	10分	各项内容每出现一处不完整、不准确、不得当处,扣 1 分,扣完为止
		团队协作	能够团队互助,协作完成工作任务,具有良好的沟通表达能力	10分	

续表

序号	评价项目	评价内容		分值	评价标准
3	任务实训	构思立意	色彩设计具有创意性,构思新颖,准确表达设计创意、创新亮点	10分	各项内容每出现一处不完整、不准确、不得当处,扣0.5分,扣完为止
		设计方案	色彩设计风格符合整体设计定位;色彩搭配合理,符合客户需求,体现客户个性;方案图纸规范、完整、清晰,能够体现设计构思	40分	
		设计汇报	对设计成果进行汇报展示,语言表达流畅,能够体现室内设计师的专业素养	20分	各项内容每出现一处不完整、不准确、不得当处,扣1分,扣完为止
总计				100分	

任务拓展

① 以"我的家"为主题,进行住宅室内色彩设计,运用手绘形式完成意向草图表现。

② 探究住宅室内色彩设计工作流程,熟悉室内设计师岗位的职责。

③ 预习住宅室内功能区设计内容。

项目二　住宅室内功能区设计

项目介绍　住宅室内功能区是以满足居住者活动为中心的原则进行合理设计的，各功能空间应有良好的空间尺度和视觉效果，应做到功能明确，各得其所。 合理的功能空间关系，可以采用物理手段和必要的分隔措施实现公私分离、食宿分离和动静分离，应合理安排设备、设施和家具，并注意设计风格和设计要素的运用。

　　通过本项目的学习，培养严谨的工作作风，具备以人为本的设计意识，让设计作品体现人文关怀；了解不同功能区域的特点，熟悉各功能区的功能，掌握住宅室内功能区设计方法和技巧；培养探究学习、分析及解决问题的能力，以及较强的审美与空间想象能力。

任务一　公共活动区设计

• **学习目标**

　　1. 素质目标：培养严谨的工作作风，弘扬中华优秀传统文化；提高审美和人文素养。

　　2. 知识目标：了解公共活动区的特点；熟悉公共活动区的功能；掌握公共活动区设计方法和设计技巧。

　　3. 能力目标：熟练绘制施工图；结合各功能区设计要点，通过前期手绘图纸与意向图的呈现，进行不同户型及客户的公共活动区设计。

• **教学重点**

　　公共活动区的功能、布局方式、设计方法和要点。

• **教学难点**

　　公共活动空间不同布局方式的优缺点及其应用。

• **任务导入**

　　根据所给项目原始户型图进行住宅公共活动区设计。本项目位于黑龙江省哈尔滨市香坊区某小区，为一楼附带庭院的三室两厅单元式住宅。本次任务需要从空间功能、设计风格、色彩照明、装饰材料、装修预算等方面综合考虑，结合户型特点和客户需求进行玄关、起居室、餐厅、阳台设计，运用手绘形式进行方案表现，运用 AutoCAD 软件进行施工图绘制，运用 3ds Max、酷家乐、SketchUp 等进行效果图表现。

一、玄关设计

　　玄关既是一个家庭的门面，给来访者留下第一印象，又是从户外进

玄关设计

入室内的一个转换环境、情绪及视觉的缓冲地带。设计时，应满足居住者的使用需求，同时兼顾与整个空间的连贯性。玄关是整个住宅风格的缩影，通过其设计可以得知起居室等空间的风格，进而体现居住者的生活习惯与品位。玄关具有实用性、私密性、装饰性等功能。它包括矮柜式玄关、半隔断式玄关、到顶式玄关等类型。其布局形式有门厅型、影壁型、走廊型和灵活型。

1. 玄关界面设计

玄关是住宅的入口，其使用频率较高，因此应尽量选择容易清洁的地面。可以铺设与起居室相同的地砖；或者采用拼花地砖拼成一个完整的图案，使玄关空间独成一体。常用的玄关地面铺贴方法包括仿古砖斜铺；大理石拼花铺贴，波打线走边；地砖斜铺，夹深色小砖，波打线走边；双色地砖相间铺贴等。多数玄关空间面积不大，因此顶棚造型应尽量简洁，灯具尺寸不宜过大；墙面可以上虚下实，与玄关家具保持整体一致。图2-2-1所示为玄关界面设计效果图。

2. 玄关风格设计

玄关的设计风格应明确，同时还要兼顾换鞋更衣、分隔空间等实用功能。可以将玄关柜、装饰品的风格与起居室、餐厅等公共活动区风格保持一致。图2-2-2所示为玄关风格设计效果图。

图2-2-1　玄关界面设计效果图

图2-2-2　玄关风格设计效果图

3. 玄关色彩及家具设计

玄关面积一般较小，因此空间色彩应尽量明亮一些，清淡、典雅的中性色是最好的选择。同时，应避免使用厚重昏暗的颜色，以免使人产生压抑的感觉。图2-2-3所示为玄关色彩设计效果图。

进行玄关家具设计时，应注意以下几点：

① 根据需求确定玄关柜深度。玄关柜可以放置鞋子、衣服、杂物等，不同置物需求的玄关柜尺寸有所不同。如果需要临时挂放衣服，玄关柜进深需要500mm左右；如果仅

图 2-2-3　玄关色彩设计效果图

放置鞋子，其进深应为 380～400mm；除放置鞋子外，如果还想摆放其他物品，如吸尘器、手提包等，其进深必须在 400mm 以上。

②设置活动层板增加实用性。鞋柜层板间高度通常设定在 150mm 左右。为了满足不同鞋高，设计时可在两块层板间加一些层板粒，将其设计为活动层板，使得层板间距能够根据鞋高进行调整。

起居室设计

二、起居室设计

起居室是家庭中活动最多、家庭成员参与度最高的公共生活空间。起居室具有聚会与交流、视听与娱乐、陈列与收纳、阅读与上网等功能。其布置形式有沙发+茶几、三人沙发+茶几+单体座椅、L 形摆法、围坐式摆法和对坐式摆法。

1. 起居室的设计原则

起居室的设计风格已经趋于多元化、个性化，设计时应兼顾会客、展示、娱乐、视听等功能。图 2-2-4 所示为法式风格起居室设计。

起居室设计应满足以下设计原则：

（1）空间宽敞化

起居室在布置完沙发等必需的家具后，其空间在高度、宽度和交通上应达到舒适标准，以免使人产生压抑感和不便感。宽敞的起居室会给人带来轻松欢愉的心情。

图 2-2-4　法式风格起居室设计

（2）空间舒适化

起居室是住宅中最主要的公共活动空间，是家庭成员共同使用频率最高的空间之一。因此，空间舒适化是其需要满足的基本功能。地面材质既要平整、耐磨、保温，还应确保走路时的舒适感。

（3）照明明亮化

起居室通常是整个居室中最明亮的空间。吊顶的灯具可作为基础照明，吊灯应既美观又大方，能调节光亮，既能照得满室通明，又可营造温馨、幽雅的气氛；落地灯一般放在沙发转角处，其移动方便，灯罩高度可以灵活调整，深受人们的喜爱。

（4）风格个性化

应根据居住者的要求、兴趣爱好及其本身的各方面条件，结合各种装饰风格与流派，精选并有创造性地设计符合居住者的个性化风格。

（5）材质绿色化

在起居室设计中，所采用的装修材料必须符合国家环保规范，并且能够满足使用需求和美观要求。

（6）家具适用化

起居室中的家具，应考虑家庭活动的适用性和成员的个性，尤其应考虑老年人和儿童使用的适用化。

（7）环境协调化

起居室的各个界面在风格、色彩、材料等方面应协调一致，特别是吊顶和电视背景墙，作为起居室的主要空间要素，在设计时应重点考虑。此外，当起居室、餐厅为连通空间时，应一并考虑。

（8）色彩合理化

起居室的色彩设计应依据主人喜好确定一个基调。通常朝南的居室有充足的日照，可采用偏冷的色调；朝北的居室可以用偏暖的色调。主要通过地面、墙面、顶面的色彩体现色调，而装饰品、家具等的色彩起到调剂、补充的作用。

2. 起居室的设计要点

（1）依据墙面尺寸挑选沙发

挑选沙发时，应依据墙面尺寸精心考量。沙发的长度最好占墙面的1/2~2/3，此时空间的整体比例较为舒服。另外，沙发两旁最好预留500mm的宽度，用于摆放边桌、边柜或绿植。图2-2-5所示为沙发靠墙摆放效果图。

（2）茶几摆放应符合人体工程学

茶几摆放在触手可及之处固然方便，但应避免其成为通行障碍。因此，合乎人体工程学的茶几摆放位置尤为重要，具体要求如下：

① 茶几与主墙最好留出900mm的过道宽度。

图2-2-5　沙发靠墙摆放效果图

② 茶几与主沙发之间应预留300~450mm的距离，如图2-2-6所示。

③ 茶几的高度最好与沙发座面持平或略高一点，约为400mm。

（3）单人座椅摆放应便于日常生活

单人座椅美观实用，且不会占用过多空间，在起居室中较受欢迎。传统的摆法是在沙发两侧都放置一张单人座椅，使整个空间看起来更加整齐。另外，如果平时家里来客较多，则可以摆放若干体量不大的矮凳，既不会造成视觉的杂乱，也不会有拥挤感，还能让空间多一些柔和的线条。单人座椅的摆放效果图如图 2-2-7 所示。

图 2-2-6　茶几与主沙发的距离

图 2-2-7　单人座椅的摆放效果图

三、餐厅设计

餐厅设计

除满足日常就餐功能，现代餐厅还是家庭交流聚会的场所，成为起居室的延伸和扩展，也是起居室与厨房之间的过渡和衔接。它包括独立式餐厅、客餐厅一体、餐厨一体等类型。

1. 餐厅的设计要点

（1）根据人数和空间面积选择餐桌、餐椅

餐桌、餐椅占餐厅面积的百分比主要取决于整个餐厅面积。一般来说，餐桌大小不应超过整个餐厅面积的 1/3。选择餐桌时，除了考虑居室面积，还要考虑使用人数和使用功能等，确定好尺寸之后，再决定样式和材质。餐桌的形状以方形和圆形为主，其标准高度在 750~790mm，餐椅的高度应在 450~500mm。

（2）充分利用隐性空间完成餐厅收纳

如果餐厅的面积有限，没有充足的空间摆放餐边柜，可以考虑利用墙面打造收纳柜。这种方式不仅充分利用了家中的隐性空间，还可以对杯具、酒具等物品进行收纳。

2. 餐厅设计注意事项

餐厅的设计除了要同住宅空间整体设计相协调外，还要考虑餐厅的实用功能和美观效果。同时，餐厅设计应注意卫生、简洁、舒适，如图 2-2-8 所示。

（1）屏风

对于开敞式餐厅，在起居室与餐厅间放置屏风是实用性与艺术性兼具的做法，但应注意屏风格调与整体风格的协调统一。

（2）地面

餐厅地面应选用表面光洁、易清洁的材料，如大理石、地砖、木地板等，也可局部采用玻璃并在玻璃下方设置光源，以制造浪漫气氛。餐厅地板的形状、色彩、图案和材料可与其他区域有所区别，其地面也可以略高于其他空间，以高出一至两个踏步为宜，用于划分不同区域。

图 2-2-8　餐厅设计

（3）顶面

餐厅顶面应以素雅、洁净的材料作为装饰，如涂料、局部木质、金属等，并用灯具装饰，也可适当降低吊顶，给人以亲切感。

（4）墙面

餐厅墙面齐腰位置可考虑使用耐磨的材料，如选择一些木饰、玻璃、镜子进行局部护墙处理，给人以宽敞感，同时营造出一种清新、幽雅的氛围，增加就餐者的食欲。

四、阳台设计

阳台设计

阳台是住宅室内空间与外界自然环境发生交流并获得直接通风与采光的空间，也是室内空间向外的延伸，是将自然光和自然风引入室内的最佳途径。现代生活中，人们对阳台的功能要求越来越高。阳台不再局限于实用功能，还可以使居住者享受到良好的景观环境，并为其提供更多休闲功能。

阳台的设计要点如下：

（1）注重阳台的稳固性

因空间面积和个人喜好不同，阳台的功能和布置也大不相同。在一些居住面积较小的家庭中，利用封闭后的阳台作为居室的情况较多，许多家庭中将阳台改成书房、客卧、储物间等。值得注意的是，外挑阳台承重有限，不能搁置过于沉重的家具和物品，以确保建筑结构的稳固和安全。

（2）封闭式阳台做保温层

若阳台与房间相连，中间没有隔墙，应做保温层，以保证室内温差适宜。由于阳台的墙面较薄，为达到保温效果，可设计成柜体，厚度在 350mm 左右，这样不仅可以保温，还能够储存日常生活用品及书籍等。

（3）开放式阳台地面设计

开放式阳台在雨雪天气时可能会进水，因此要做好阳台地面的防水和排水。设计时，应考虑将地面适当向地漏的方向微倾，保证水能够流向排水口，同时应定期清理地漏，保证排水通畅。

🛠 任务实训

实训内容：

根据所给项目平面图（图 2-2-9），结合客户需求，进行住宅玄关、起居室、餐厅、阳台等功能区设计。

公共活动区设计
任务实训

实训要求：

① 根据项目平面图，从客户需求、空间功能、设计风格、色彩照明、装饰材料、装修预算等方面进行方案和意向图设计，并以手绘形式进行表现。

② 根据手绘方案和意向图，运用 AutoCAD 软件进行图纸深化表达，完成项目施工图，包括平面图、平面布置图、顶棚布置图、地面铺装图、立面图等。

③ 运用手绘、3ds Max、酷家乐、SketchUp 等进行项目效果图表现。

④ 提交设计作品源文件和图片文件。

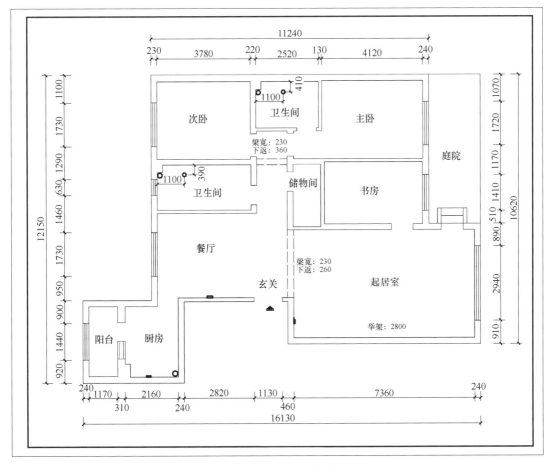

图 2-2-9　项目平面图

（1）设计前期准备

与客户进行前期沟通。业主为一对新婚夫妻，男主人 28 岁，是某科技公司销售人员，女主人 25 岁，是某小学教师。二人都喜欢旅游、运动，女主人喜欢下厨，并且女主人需要有书房进行工作，二人的父母偶尔小住。通过网络问卷、实地调研等方式，将未婚、即将结婚、新婚的年轻人群作为调查对象，熟悉这类人群的个人喜好、生活习惯、性格特点等信息，以便进行准确的设计定位。

（2）设计分析与定位

① 客户信息与设计要求分析。本阶段应将方案设计前期准备所收集的客户信息进行列表分析，并抓住主要信息作为设计定位依据。

② 场所实际情况分析。本阶段应将方案设计前期准备所收集的实地勘查资料进行列表分析，分析现场条件的利与弊，相应考虑处理方式，并抓住主要信息作为设计定位依据。

③ 设计风格与理念定位。综合客户信息进行设计理念定位，综合设计要求和场所实际情况进行设计风格定位。

（3）方案设计

① 确定设计方案。本阶段应将设计风格与理念定位贯穿于方案设计之中，初步确定解决技术问题的方案。

② 方案草图设计。本阶段应将设计方案以草图的形式表现出来，以功能分区图表现空间类型划分，以活动流线图表现空间组合方式，以透视图表现空间形态，做好色彩配置方案。

③ 施工图设计。包括建筑原始平面图（将给定的图纸转化为 AutoCAD 软件绘制的平面图），平面布置图（包括空间尺寸、家具布置及主要家具名称、室内绿化与陈设等），地面铺装图（地面铺设的材料名称、规格、颜色等），顶棚布置图（包括顶棚的灯具布置、灯具名称、顶棚造型基本尺寸、顶棚材质名称等）。图纸中的图例、线型、图框、比例等，应参照《建筑装饰装修制图标准》（DB32/T 4358—2022）进行绘制。

④ 效果图设计。根据前期方案、草图、施工图，运用电脑或手绘形式进行效果图表现，确保效果图真实、美观。

⑤ 设计说明。应详细说明项目概况、设计思路、设计理念、设计亮点等。

（4）设计图纸要求

① 草图。功能合理，具有较高文化性、艺术性，体现个性化、创新性设计。

② 效果图。每个功能空间至少 2 张效果图，完整呈现空间效果。

③ 施工图。运用 AutoCAD 软件制图，确保图纸规范、完整、准确。

任务评价

实训评价标准如表 2-2-1 所示。

表 2-2-1　　　　　　　　　　　　　　实训评价标准

序号	评价项目		评价内容	分值	评价标准
1	学习态度	课前学习	能够自主完成课前学习任务,养成自主探索、持续提升的学习习惯	10 分	通过网络教学平台系统进行课前学习成果、预习情况监测,平台综合打分
2	基本素质	职业素养	能够按照进程完成项目任务,学习态度端正,能够主动探索专业知识和专业技能;能够严格遵守相关实习、实训纪律,规范作业,安全操作	10 分	各项内容每出现一处不完整、不准确、不得当处,扣 1 分,扣完为止
		团队协作	能够团队互助,协作完成工作任务,具有良好的沟通表达能力	10 分	
3	任务实训	构思立意	细节设计具有创意性,推导过程准确表达设计创意、创新亮点	10 分	各项内容每出现一处不完整、不准确、不得当处,扣 0.5 分,扣完为止
		设计方案	公共活动区风格、功能符合整体设计定位;方案具有设计感,色调和谐,造型统一并富有变化;材料应用合理,体现绿色、环保理念	40 分	
		设计汇报	团队协作制作 PPT,对概念设计成果进行汇报展示	20 分	各项内容每出现一处不完整、不准确、不得当处,扣 1 分,扣完为止
总计				100 分	

任务拓展

①　完成玄关、起居室、餐厅、阳台等功能区的方案构思、施工图设计、效果图设计,并按要求提交作业。

②　探究起居室、阳台可以进行哪些多功能设计。

③　对其他户型的公共活动区进行设计。

④　预习私密活动区设计内容。

私密活动区设计

●学习目标

1. 素质目标：具有以人为本的设计精神；具有较强的职业责任感，能够发扬中华优秀传统文化并将其运用到设计作品中。

2. 知识目标：了解私密活动区的特点；熟悉各功能区的设计方法；掌握卧室、卫生间、书房等空间的设计技巧。

3. 能力目标：结合私密活动区设计要点，熟练绘制意向图、施工图、效果图，具有空间规划设计能力。

●教学重点

私密活动区的功能、布局方式、设计方法。

●教学难点

私密空间不同布局方式的优缺点及其适用的空间。

●任务导入

根据所给项目原始户型图进行私密活动区设计。本任务重点考虑客户需求，并结合前序任务——公共活动区设计进行构思，考虑空间功能、客户需求等具体条件，运用手绘形式进行设计方案意向图表现，运用 AutoCAD 软件进行施工图纸深化表达，运用手绘、3ds Max、酷家乐、SketchUp 等绘制效果图。

一、卧室设计

卧室设计

卧室是住宅室内空间中私密性较强的空间，能够体现居住者的个性。其设计需要营造良好的睡眠环境，使人感觉温馨、舒适。卧室常见的功能区包括睡眠区、梳妆区、休闲区、储物区和阅读区。根据居住者和功能的不同，可分为主卧、儿童房、老人房、客卧等。针对各类人群的生理和心理特点，其设计侧重点有所不同。

1. 空间设计

合理的空间布局和比例是卧室设计的关键。设计时，应考虑卧室的空间大小、形状以及家具的摆放位置。对于较小的卧室，可以采用开放式设计或利用镜面效果增加空间感；对于较大的卧室，可以进行功能分区，如分开布置休息区、储物区、阅读区等。

2. 色彩设计

色彩对居住者的情绪和睡眠质量有很大影响。在选择卧室色彩时，应慎重考虑，并倾向于选择柔和的色调，如米色、灰色、白色等，以营造舒适的睡眠环境，避免使用饱和度过高的颜色，以免影响睡眠效果。

3. 照明设计

卧室光线应柔和，以便营造舒适的睡眠环境。应考虑自然光和人工光的结合，注意灯光的亮度，自然光应从窗户进入，人工光则通过顶灯、壁灯、台灯等提供。

4. 家具设计

家具的选择应符合空间的大小和功能需求，同时应注意其品质和舒适性。此外，床垫和枕头等床上用品的选择也非常重要，不容忽视。

5. 陈设设计

通过挂画、地毯、窗帘等陈设，能够增加卧室的美感和舒适度。但应注意保持其简洁性和协调性，避免过度装饰而导致空间凌乱。

6. 安全性

卧室应设置成封闭、静态空间，使其具有足够的私密性和封闭性，以保护居住者的隐私，营造良好的睡眠环境。

7. 私密性

私密性可以通过设计来实现，如使用不透明的材料作为卧室门的材质，以及确保窗户的密闭性等。

8. 舒适性

卧室的舒适性受到多种因素影响，设计时应考虑如何减少噪声、保持室内恒温，以及如何优化床的位置、开关的设计等，以提升居住者的舒适体验。

二、卫生间设计

卫生间可分为兼用式卫生间、折中式卫生间和独立式卫生间，不同类型的卫生间具有不同的布局。

卫生间设计

1. 卫生间的常用尺寸

卫生间在住宅中所占面积较小，而其设备、水管、电线却很复杂。每个设备的使用以及功能模块间的位置关系、空间距离等都需要合理而精确，因此，卫生间各设计要素的尺度与组合尤为重要。卫生间一般由盥洗、如厕、洗浴三个基本模块组合而成。

（1）盥洗模块

盥洗是卫生间三大基础功能之一。日常的洗漱、护理等行为都会在该空间进行，它也是卫生间中使用频率最高的功能模块。盥洗模块一般由带有洗手盆的台面或组合柜与相对应的梳妆镜组成。洗手盆台面深度与卫浴柜相同，一般为600mm。单盆长度最好在800mm以上，双盆长度应在1400~2000mm。除了洗手盆自身的宽度外，还应留有足够的盥洗活动空间与通道，通道距离在600mm以上。梳妆镜应该安装在距地1350mm的高度上，该高度可以使镜子正对人脸。

（2）如厕模块

如厕模块包括不同形式的洁具，即坐便器和蹲便器。坐便器的高度在400mm左右，长度在700mm左右。布置坐便器时，除应注意其本身尺寸外，还应注意人使用时需要的最小范围。一般地，如厕模块应预留800mm×1280mm的空间，以保证坐蹲时人体的舒适性。

（3）洗浴模块

洗浴模块应具备洗浴功能，可以设置具有休闲、放松功能的浴缸，甚至是其他类型的蒸汽浴等。洗浴模块是卫生间中比较潮湿的区域，一般布置在卫生间的最里端，而且为了使得淋浴空间尽量干燥，通常会以淋浴间的形式出现。常用的淋浴间有钻石形、方形（包括正方形和长方形）、弧形三种形状。淋浴间的标准高度为1950mm和1900mm。钻石形淋浴间尺寸规格有900mm×900mm，900mm×1200mm，1000mm×1000mm，1200mm×1200mm等；方形淋浴间尺寸规格有800mm×1000mm，900mm×1000mm，1000mm×1000mm等；弧形淋浴间尺寸规格有900mm×900mm，900mm×1000mm，1000mm×1000mm，1000mm×1300mm等。

2. 卫生间的设计要点

卫生间的设计要点如下：

① 界面设计。卫生间界面设计应采用防水防污材料，如瓷砖、大理石、马赛克、集成吊顶等，如图2-2-10所示。

② 色彩设计。卫生间色彩设计应使用冷灰色调或清新自然的暖色调，大面积色彩不宜过于艳丽跳跃，如图2-2-11所示。

图2-2-10 卫生间界面设计

图2-2-11 卫生间色彩设计

③ 照明设计。卫生间照明设计应采用集成吊顶灯光，梳妆镜顶部或两侧可单独设置灯光，还应有换气、取暖设备。

④ 洁具设计。卫生间洁具设计除马桶、洗手盆、浴缸、淋浴隔断等，还应有柜、架、凳等家具。

⑤ 陈设设计。卫生间陈设设计适当使用壁灯、绿化、窗帘、地毯点缀，还可根据使用者喜好增加其他物品，如图 2-2-12 所示。

3. 卫生间设计注意事项

（1）排水和通风

卫生间设计时，排水和通风是首要考虑的问题。卫生间地面必须做防水，地坪应向排水口倾斜，地漏的位置要留有倾斜角度。如果卫生间没有窗户，则应安装排气扇进行换气，从而使卫生间保持干燥。

（2）材料的选择

卫生间较潮湿，应多选择防腐、防锈、防水的材料，如防滑地砖。此外，还应考虑材料的透气性，尤其是卫生间的

图 2-2-12　卫生间陈设设计

吊顶，务必选择透气耐湿的材料，如集成吊顶。墙面同样应选择防潮、易清洁的材料，如瓷砖、大理石等。

（3）合理的布局

卫生间使用率较高，而且它还是一个多功能的场所，尽管面积不大，但其如厕、洗漱、洗浴、洗衣等功能需求较多，因此要根据空间面积和客户使用需求，合理规划各项活动的位置，并选择合适的洁具、设备、家具等，如图 2-2-13 所示。

（4）适宜的尺寸

卫生间中洁具、家具等尺寸应适宜，如图 2-2-14 所示。其尺寸不是固定的，需要因人而异。一般地，淋浴头的高度在 2050~2100mm；洗手台高度在 700~740mm，左右宽度不应少于 500mm；镜子底部高度不应低于 900mm，顶部高度不能超过 2000mm。

图 2-2-13　合理布局

图 2-2-14　适宜尺寸

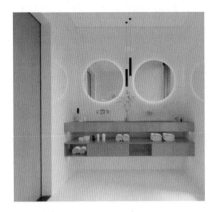

图 2-2-15 色彩搭配

（5）色彩的搭配

卫生间通常面积不大，且多数没有窗户，容易给人潮湿阴暗的感觉，局促感较强。因此，色彩搭配时，最好不要选择深色系，尽量选择淡雅清新的色彩，例如白色、淡蓝色、浅灰色等，如图 2-2-15 所示。同时，可以在卫生间放置一些绿色植物，使空间显得更具生机。

三、书房设计

书房设计

书房是住宅中进行阅读、书写、学习、研究、工作的空间。它是为个人而设的私人空间，能够体现居住者的习惯、个性、爱好、品位和专长。书房的布局分为一字形、L 形和并列式。

1. 书房的设计要求

书房在功能上要求创造静态空间，以幽雅、宁静为原则，同时应提供书写、阅读、创作、研究、书刊资料储存等空间，并兼有会客交流的条件。一些必要的辅助设备如电脑、打印机等也应放置在书房中，以满足人们广泛的使用要求。如果书房空间面积有限，可以在起居室、卧室分隔出一个区域，作为学习和工作的地方，用书桌、书柜做隔断，或用屏风、布幔等隔开。书房设计如图 2-2-16 所示。

图 2-2-16 书房设计

2. 书房的设计技巧

（1）光线明亮

作为学习工作的场所，书房对于照明和采光的要求较高。由于人眼在过强或过弱的光线中工作，会对视力产生较大影响，因此，书桌最好放在阳光充足但不直射的窗边，在工作疲倦时，可以凭窗远眺以休息眼睛。

（2）空间安静

安静对于书房而言十分必要，相较于嘈杂的环境，人在安静环境中的工作效率显著提升。因此，在书房设计时，应选用隔音、吸声效果较好的装饰材料，顶棚可采用吸声石膏板吊顶，墙壁可采用 PVC 吸声板或软包材料等，地面可采用吸声效果佳的地毯或地板。

（3）清新淡雅

可以将生活情趣充分融入书房的设计中，无论是一件艺术收藏品、几幅钟爱的画作或照片，还是几个简单的工艺品，都可以为书房增添几分清新、淡雅的效果。

（4）分门别类

书房作为藏书与阅读的空间，书籍繁多，应分类存放。可将书房划分为书写区、查阅区、储存区等，分别存放不同类型的书籍，既能使书房井然有序，还可提高工作效率。

任务实训

实训内容：

根据本项目任务一所给项目平面图（图2-2-9），结合客户需求，考虑本项目任务一中公共活动区的设计方案，进行住宅卧室、卫生间、书房等私密活动区设计，按要求完成项目设计。

私密活动区设计

任务实训

实训要求：

① 根据项目平面图，考虑客户对私密活动区的需求，与本项目任务一中的公共活动区设计定位、设计风格等方面统一和谐，运用手绘形式进行意向图表现和方案设计。

② 依据方案设计，运用AutoCAD软件绘制施工图。

③ 运用手绘、3ds Max、酷家乐、SketchUp等进行效果图表现。

④ 提交设计作品源文件和图片文件。

实训指导

（1）设计前期准备

与客户进一步沟通，明确客户需求，熟悉客户的喜好，有针对性地进行构思设计。

（2）设计分析与定位

① 客户信息与设计要求分析。本阶段应将方案设计前期准备所收集的客户信息进行列表分析，并抓住主要信息作为设计定位依据。

② 场所实际情况分析。本阶段应将方案设计前期准备所收集的实地勘查资料进行列表分析，分析现场条件的利与弊，相应考虑处理方式，并抓住主要信息作为设计定位依据。

③ 设计风格与理念定位。综合客户信息进行设计理念定位，综合设计要求和场所实际情况进行设计风格定位。注意应与本项目任务一中已完成的其他功能空间定位一致。

（3）方案设计

① 确定设计方案。本阶段应结合前期准备、设计分析、设计定位等内容，确定初步方案，在此过程中应全面考虑客户需求与户型条件。

② 方案草图设计。通过手绘意向草图方式呈现设计方案，应包括动线设计、界面设计、色彩设计、材料设计等，图纸中应适当加入文字说明，便于和客户沟通。

③ 施工图设计。包括平面图（本项目任务一中同一个项目原始户型图），平面布置图（包括空间布局、家具陈设布置等），地面铺装图（地面铺设的材料名称、规格、颜色等），顶棚布置图（包括顶棚造型、灯具布置等）。图纸中的图例、线型、图框、比例等，应参照《建筑装饰装修制图标准》（DB32/T 4358—2022）进行绘制。

④ 效果图设计。根据前期设计、施工图设计，运用电脑或手绘形式进行效果图表现，结合空间结构及特点，适当调整效果图角度和数量。

⑤ 设计说明。应详细说明项目概况、设计思路、设计理念、设计亮点等。

（4）设计图纸要求

① 草图。设计合理，同时体现客户个性特点，体现传统文化特点和流行元素的应用。

② 效果图。每个功能空间至少 2 张效果图，可适当增加色彩平面图或鸟瞰效果图。

③ 施工图。运用 AutoCAD 软件制图，确保图纸规范、完整、准确。

任务评价

实训评价标准如表 2-2-2 所示。

表 2-2-2　　　　　　　　　　实训评价标准

序号	评价项目		评价内容	分值	评价标准
1	学习态度	课前学习	能够自主完成课前学习任务，养成自主探索、持续提升的学习习惯	10 分	通过网络教学平台系统进行课前学习成果、预习情况监测，平台综合打分
2	基本素质	职业素养	能够按照进程完成项目任务，学习态度端正，能够主动探索专业知识和专业技能；能够严格遵守相关实习、实训纪律，规范作业，安全操作	10 分	各项内容每出现一处不完整、不准确、不得当处，扣 1 分，扣完为止
		团队协作	能够团队互助，协作完成工作任务，具有良好的沟通表达能力	10 分	
3	任务实训	构思立意	细节设计具有创意性，推导过程准确表达设计创意、创新亮点	10 分	各项内容每出现一处不完整、不准确、不得当处，扣 0.5 分，扣完为止
		设计方案	私密活动区风格、功能符合整体设计定位；方案具有设计感，色调和谐，造型统一并富有变化；材料应用合理，体现绿色、环保理念	40 分	
		设计汇报	团队协作制作 PPT，对概念设计成果进行汇报展示	20 分	各项内容每出现一处不完整、不准确、不得当处，扣 1 分，扣完为止
		总计		100 分	

任务拓展

① 对其他户型的私密活动区进行设计，并绘制相应图纸。

② 探究不同类型的卧室设计注意事项。

③ 预习家务活动区设计内容。

任务三 家务活动区设计

● 学习目标

1. 素质目标：深入生活，树立正确的创作观，培养较强的职业责任感，爱岗敬业、诚实守信。

2. 知识目标：了解住宅家务活动区相关知识内容；理解并熟悉家务活动区在住宅室内设计中的作用；掌握家务活动区的设计技巧。

3. 能力目标：具有探究学习、终身学习的能力；具有分析、解决问题的能力；具有较强的团队合作能力及勇于探索的精神。

● 教学重点

家务活动区的设计方法和技巧。

● 教学难点

厨房布局设计。

● 任务导入

家务活动区是家庭生活的重要组成部分，它为家庭成员提供了一个进行日常家务活动的场所。这些区域通常包括厨房、储藏室等。

根据前序任务所给的项目原始户型图进行家务活动区设计。本任务充分考虑客户对家务活动区的使用需求，同时注意与公共活动区、私密活动区设计统一，运用手绘形式进行设计方案意向图表现，运用 AutoCAD 软件进行施工图纸深化表达，运用手绘、3ds Max、酷家乐、SketchUp 等绘制效果图。

一、厨房设计

厨房的功能
分区及布局
形式

厨房作为住宅室内备餐的空间，设计时应首先注重其功能性，确保择菜、切菜、炒菜等操作流程安排合理，灶台的高度、灶台和水池的距离、冰箱和灶台的距离等人体工程学设计符合使用要求。橱柜设计应考虑科学性，要有方便的操作中心，确保视觉干净清爽，力求打造温馨舒适的厨房。根据布局的不同，厨房可分为 U 形厨房、岛屿式厨房、G 形厨房、L 形厨房、I 形厨房和 II 形厨房。

厨房操作的三大核心环节（烹饪、清洗和储藏）构成了工作三角区域，根据功能的不同，厨房工作三角区域可以细分为五大功能分区，即清洗区、准备区、烹饪区、厨具储藏区和食品储藏区。

1. 厨房的设计原则

（1）功能设计

厨房是家庭中最重要的功能区域之一，设计时应充分考虑实用性。厨房应具备足够的储物空间、操作台面和烹饪设备，以满足家庭成员的日常需求。

（2）空间布局

厨房的空间布局应根据家庭成员的需求和生活习惯进行调整。例如，可以将冰箱、洗碗机等大型家电设备布置在一侧，以节省空间；将灶台、水槽和切菜区布置在另一侧，以方便操作。

（3）动线设计

厨房的动线设计应简洁明了，以提高做家务的效率。例如，从冰箱取食材到灶台烹饪，再到餐桌上用餐，整个过程应尽量缩短距离。

（4）照明设计

厨房的照明设计应明亮且均匀，以便在烹饪过程中能够清楚地看到食材和操作区域。可以采用吸顶灯、筒灯和橱柜下方的灯带等多种照明方式，以达到最佳的照明效果。

（5）通风系统

厨房应设置良好的通风系统，以保持空气流通，并排除油烟、异味等。可以安装油烟机、排气扇等设备，确保厨房内空气质量良好。

（6）材料选择

厨房的材料选择应考虑耐用性、易清洁性和美观性。例如，地面可以选择防滑、耐磨的瓷砖或石材；墙面可以选择防水、防油渍的涂料或瓷砖；橱柜可以选择防潮、防火的板材。

（7）安全设计

厨房的设计应确保家庭成员的安全。例如，可以设置防滑地砖、防水插座等设施；燃气管道和电线应远离水源，避免安全隐患。

（8）人性化设计

厨房的设计应考虑家庭成员的使用习惯和需求。例如，可以为儿童设置一个安全的活动区域；为老年人设置一个舒适的休息区域等。

2. 厨房设计技巧

现代厨房已从单一的使用场所演变为集多种功能与舒适性于一体的空间。厨房设计时，应注重其功能性，尤其是橱柜的尺度设计应结合人体工程学的科学性与舒适性。厨房设计技巧如下：

（1）空间利用

合理利用厨房空间，使其既能满足烹饪需求，又不会显得拥挤。可以通过设置多功能家具、嵌入式电器等方式，提高空间利用率，如图2-2-17所示。

（2）功能分区

将厨房划分为不同的功能区域，如清洗区、准备区、烹饪区、厨具储藏区和食品储藏区等，使各个区域之间的工作流线更加顺畅。

图 2-2-17　厨房空间利用

（3）操作便利

应确保厨房内各项设施布局合理，便于使用者在烹饪过程中快速找到所需物品，提高工作效率。可以将常用的调料和餐具放在易取的地方，将冰箱、灶台和水槽之间的距离保持在合适的范围内等。

（4）电器设备

对于面积适中的厨房，可依据个人喜好，将厨房家电布置在橱柜中的适当位置，从而在一定程度上防止油烟水渍对电器造成的侵蚀，有效延长其使用寿命。

① 冰箱。常规冰箱深度小于650mm，宽度小于700mm；开门冰箱宽度为900～1000mm，深度为650～750mm。

② 厨房热水器。厨宝类即热型热水器，必须在所处位置预留插座；燃气类热水器在订购前应确定其所处位置尺寸，提前做好水路规划；其他补充类电器，可以根据个人喜好和需要进行设置。

③ 插座。台面基础插座完成面应距离插座中心1000mm，以防溅水发生意外；烟机插座完成面应距离插座中心2000mm或以上；水槽下方应为净水器等预留不少于2个插座。

（5）安全舒适

厨房设计应考虑家庭成员的安全性和舒适度。地面应选择防滑材料，避免滑倒；墙面和台面应采用防水、防火、耐磨的材料；厨房内应设置足够的插座和开关，方便使用各种电器设备等。

（6）环保节能

在厨房设计中，应注重环保节能的理念。可以选择节水型水龙头、节能型电器等产品；合理利用自然光和通风条件，减少对空调和照明设备的依赖；鼓励垃圾分类和回收等。

（7）尺寸合理

厨房中的矮柜常采用推拉式设计，以便于拿取物品；吊柜通常做成300～400mm宽的多层格子，柜门采用对开式或折叠拉门；吊柜与操作台之间的间隙空间也可充分利用，用于放取烹饪用具。

（8）界面整洁

墙地砖应优先选用全瓷瓷砖，其吸水率、耐磨度、耐紫外线、抗油污等性能显著优于陶质砖或普通釉面砖。地砖需要进行防滑处理，可采用通体凹凸处理或釉面防滑处理，勾缝尽量使用防霉耐水勾缝剂，避免渗入油污和污渍而导致发霉变黑。墙砖的物理性能要求相较于地砖有所降低，台面以下区域可使用铺贴砖，台面以上区域使用瓷质砖。顶棚多使用铝扣板集成吊顶、PVC扣板或耐水石膏板天花等。

二、储藏室设计

储藏室在住宅室内空间中主要用于收纳日常用品，通常根据空间的大小进行设计，它有壁柜、吊柜和独立小间等形式。其中，住宅套内与墙壁结合而成的落地储藏空间称为壁柜；住宅套内上部的储藏空间称为吊柜。

储藏室设计要点如下：

① 储藏室内部的分隔由其储藏的物品决定。为了增加储藏室的储藏量，通常设计 U 形柜或 L 形柜，还可以根据面积大小设计为可进人和不进人的布局。图 2-2-18 所示为酒窖设计。

② 储藏室应保持干净整洁。为了确保储藏室的整洁，使其不易起灰尘，可以在地面铺设地毯。同时，柜顶可以安装节能灯，不仅能够增加空间亮度，还可以减少湿气。

③ 在储藏室储存衣物时，可以考虑悬挂存放，既有利于衣物的收藏，又能免去熨烫衣服的烦琐。因此，悬挂衣物的空间在储藏室中往往较为常见。图 2-2-19 所示为衣帽间设计。

图 2-2-18　酒窖设计

图 2-2-19　衣帽间设计

任务实训

实训内容：

根据本项目任务一所给项目平面图（图2-2-9），结合客户需求，进行住宅厨房、储藏室等家务活动区设计，按要求完成项目设计。注意结合前序任务中公共活动区、私密活动区的设计方案。

家务活动区
设计任务实训

实训要求：

① 根据项目平面图，并结合前序任务设计方案，从客户需求、色彩照明、装饰材料、装修预算等方面进行方案设计和意向图表现，以手绘形式呈现作品。

② 根据手绘意向图，运用AutoCAD软件绘制施工图，包括平面布置图、顶棚布置图、地面铺装图、室内立面图。

③ 运用手绘、3ds Max、酷家乐、SketchUp等进行项目效果图表现。

④ 提交设计作品源文件和图片文件。

实训指导

（1）设计前期准备

通过前期与客户的沟通，了解客户的情况及需求。根据客户生活习惯、性格特点、装修预算等信息，结合户型情况，进行准确的设计定位。

（2）设计分析与定位

① 客户信息与设计要求分析。本阶段应将方案设计前期准备所收集的客户信息进行列表分析，并抓住主要信息作为设计定位依据。

② 场地实际情况分析。本阶段应将方案设计前期准备所收集的实地勘查资料进行列表分析（参考前序任务户型情况及设计方案），分析现场条件的利与弊，相应考虑处理方式，并抓住主要信息作为设计定位依据。

③ 设计风格与理念定位。综合客户信息进行设计理念定位（结合前序任务中公共活动区、私密活动区定位），综合设计要求和场地实际情况进行设计风格定位。

（3）方案设计

① 确定设计方案。本阶段应依据前序任务的设计方案，结合客户对家务活动区的需求，初步确定设计方案。

② 方案草图设计。本阶段应将设计方案以意向草图的形式进行表现，包括空间动线设计、空间界面设计、空间色彩设计等。

③ 施工图设计。包括平面布置图（包括空间尺寸、家具陈设布置、家具名称、电器设备等），地面铺装图（包括地面铺设的材料名称、规格、颜色等），顶棚布置图（包括顶棚造型、顶棚材质名称、顶棚灯具及设备布置等），室内立面图（包括橱柜、

衣柜、收纳柜等定制家具的造型、尺寸、施工工艺等)。图纸中的图例、线型、图框、比例等,应参照《建筑装饰装修制图标准》(DB32/T 4358—2022)进行绘制。

④ 效果图设计。根据前期方案、意向图、施工图,运用电脑或手绘形式进行效果图表现,确保效果图真实、美观,体现空间特点及整体效果。

⑤ 设计说明。应详细说明客户需求、空间规划、设计理念、创意构思、设计优点等。

(4) 设计图纸要求

① 意向图。布局合理、功能齐全,具有较高的实用性,并且体现个性化、创新性设计。

② 效果图。每个功能空间不同角度渲染至少 2 张效果图,特殊部位可适当增加渲染角度。

③ 施工图。运用 AutoCAD 软件制图,确保图纸规范、完整、准确。

📋 任务评价

实训评价标准如表 2-2-3 所示。

表 2-2-3 实训评价标准

序号	评价项目		评价内容	分值	评价标准
1	学习态度	课前学习	能够自主完成课前学习任务,养成自主探索、持续提升的学习习惯	10 分	通过网络教学平台系统进行课前学习成果、预习情况监测,平台综合打分
2	基本素质	职业素养	能够按照进程完成项目任务,学习态度端正,能够主动探索专业知识和专业技能;能够严格遵守相关实习、实训纪律,规范作业,安全操作	10 分	各项内容每出现一处不完整、不准确、不得当处,扣 1 分,扣完为止
		团队协作	能够团队互助,协作完成工作任务,具有良好的沟通表达能力	10 分	
3	任务实训	构思立意	细节设计具有创意性,推导过程准确表达设计创意、创新亮点	10 分	各项内容每出现一处不完整、不准确、不得当处,扣 0.5 分,扣完为止
		设计方案	家务活动区风格、功能符合整体设计定位;方案具有设计感,色调和谐,造型统一并富有变化;材料应用合理,体现绿色、环保理念	40 分	
		设计汇报	团队协作制作 PPT,对概念设计成果进行汇报展示	20 分	各项内容每出现一处不完整、不准确、不得当处,扣 1 分,扣完为止
总计				100 分	

任务拓展

① 结合岗位需求与职业技能大赛标准，以手绘图纸形式完成家务活动区方案设计。

② 探究当下室内设计家务活动区的设计风格和理念。

③ 熟悉家务活动区常用的设计色彩、照明、装饰材料。

④ 预习附属活动区设计内容。

任务四 附属活动区设计

• **学习目标**

1. 素质目标：遵守国家相关行业规范，弘扬民族文化，倡导创新和兼收并蓄，坚持健康、安全、环保、绿色设计理念。

2. 知识目标：了解附属活动区设计内容；熟悉过道、楼梯、庭院的不同形式及相关设计规范；掌握过道、楼梯、庭院设计要点。

3. 能力目标：能够收集资料进行附属空间的方案设计；能够结合设计意向进行设计方案的展示与表达。

• **教学重点**

过道、楼梯、庭院的不同形式、设计规范及设计要点。

• **教学难点**

附属活动区方案设计及表现。

• **任务导入**

结合本项目前期其他功能区设计方案，继续深化室内楼梯以及庭院等附属活动区设计。本次任务运用手绘形式进行方案意向图表达，运用 AutoCAD 软件绘制施工图，运用 3ds Max、酷家乐、SketchUp 等绘制效果图。

一、过道设计

《住宅设计规范》（GB 50096—2011）将过道定义为"住宅套内使用的水平通道"，而走廊则指"住宅套外使用的水平通道"，二者在定义上存在显著差异。过道是室内交通空间的一部分，不仅能够连接各生活区，还能起到联系和组织空间的作用，同时也是整个家居设计格调的延续，过道空间如图 2-2-20 所示。

附属活动区设计

图 2-2-20 过道空间

通常来说,狭长的过道会使人感觉单调、沉闷,尤其在小户型住宅中,空间的高效利用至关重要。因此,过道往往被视为空间利用上的"痛点",容易使人产生空间浪费与零碎的感觉。因而对于过道空间的优化及合理利用在住宅空间中也非常重要,合理的规划能够让整个空间更加宽敞明亮,增加过道的功能性。

1. 过道的相关规范

《住宅设计规范》(GB 50096—2011) 将过道分为三种类型,即套内入口过道,通往卧室、起居室(厅)的过道和通往厨房、卫生间、储藏室的过道。

套内入口过道通常起到门斗的作用,它既是交通要道,又是更衣、换鞋和临时搁置物品的场所,同时也是搬运大型家具的必经之路。针对沙发、餐桌、钢琴等大型家具的搬运需求,规范明确指出,过道净宽不宜小于1200mm。对于通往卧室、起居室(厅)的过道,应考虑写字台、大衣柜等的搬运宽度,尤其在入口处存在转角时,门的两侧应有一定余地,故规定该过道净宽不应小于1000mm。通往厨房、卫生间、储藏室的过道净宽可适当减小,但也不应小于900mm。

涉及住宅空间的无障碍设计时,也要参考《无障碍设计规范》(GB 50763—2012)、《建筑与市政工程无障碍通用规范》(GB 55019—2021) 等规范。根据《无障碍设计规范》(GB 50763—2012),无障碍住房及宿舍室内各使用空间的面积都略大于现行国家标准《住宅设计规范》(GB 50096—2011) 中相应的最低面积标准,为轮椅通行和停留提供一定的空间。而《建筑与市政工程无障碍通用规范》(GB 55019—2021) 则明确指出无障碍通道的通行净宽不应小于1200mm,人员密集的公共场所的通行净宽不应小于1800mm。

2. 过道的设计形式

在住宅空间中,过道往往容易被忽略。然而,过道设计也是提升家居品位的重要方式,优秀的过道设计可以兼具功能性和艺术性。

(1)展示型过道

对于半封闭的室内过道空间,可以从尽头入手,利用挂画装饰墙面,展示品位,彰显个性。也可以设置端景台,利用条案、绿植、挂画,结合壁灯进行组合装饰,提升整体层次感,使空间显得意犹未尽,别有洞天。展示型过道空间如图 2-2-21 所示。

(2)功能型过道

① 收纳功能。在满足过道通行需求以及相关规范要求的基础上,其两侧墙体有很大的设计空间。可以结合需求,设计半墙薄柜、斗柜或是通顶的储物柜、衣柜,也可以利用简易的层板打造收纳空间。收纳型过道空间如图 2-2-22 所示。

② 休闲娱乐功能。可以结合需求设置卡座,也可以利

图 2-2-21　展示型过道空间

用墙面设置涂鸦墙，在过道打造休闲娱乐空间。休闲娱乐型过道空间如图2-2-23所示。

图 2-2-22 收纳型过道空间

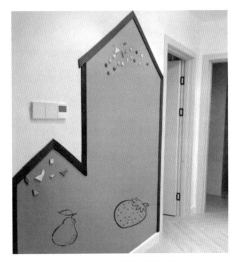

图 2-2-23 休闲娱乐型过道空间

3. 过道的设计要点

过道设计要点如下：

（1）过道尺度应满足通行需求

过道应保证通行畅通，满足相关规范要求及使用功能需求，不应放置过多杂物或摆放大型家具。

（2）关注过道的界面设计

在过道的设计中，不仅要关注墙面的设计，还要关注顶棚、地面的设计。鉴于过道的特殊性，在铺设地板或地砖时可以适当采用不同的铺设形式，打破空间界限，提升顶部美感，令人耳目一新。

（3）灵活处理不同尺度的过道

对于封闭式且狭长的过道，可以设置端景台，吸引视线焦点，从而缓解狭长感；对于大空间内的开放式过道，应注意与周边环境的整体性，可以从顶面、地面划分空间，如在顶面、地面通过造型或材质相呼应，也可以在地面做地花引导，突显过道的功能；对于半开放式且较宽敞的过道，墙面可以通过材质的凹凸变化、丰富的色彩和图案结合灯光等方式增加过道的动感。

二、楼梯设计

1. 楼梯的相关规范

套内楼梯一般在两层住宅和跃层内作为垂直交通使用，通常由踏步、栏杆和扶手组成。根据《住宅设计规范》（GB 50096—2011），依据搬运家具和日常手提东西上下楼梯最小宽度，当一边临空时，套内楼梯净宽不应小于 750mm；当两侧有墙面时，墙面之间净宽不应小于 900mm。此外，当两侧有墙时，为确保居民特别是老年人、儿童上下楼梯的安全，规范规定应在其中一侧墙面设置扶手。

套内楼梯的踏步宽度不应小于 220mm，高度不应大于 200mm。扇形踏步考虑人上下楼梯时脚踏扇形踏步的部位，要求转角距扶手中心 250mm 处，宽度不应小于 220mm，如图 2-2-24 所示。

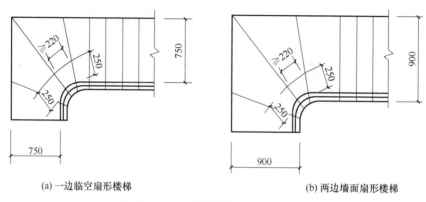

(a) 一边临空扇形楼梯　　　　　　　　　　(b) 两边墙面扇形楼梯

图 2-2-24　扇形楼梯踏步宽度要求

踏步的尺寸一般根据人脚的尺寸确定，而人脚常规的尺寸在 250mm 左右，因此台阶踏步的宽度一般在 250~300mm 左右，高度在 150~180mm 左右。

此外，根据《无障碍设计规范》（GB 50763—2012），无障碍单层扶手的高度应为 850~900mm。套内扶手高度通常设置为 900mm 左右，高于成年人身体的重心。同时，为了防止儿童头部和身体穿出栏杆外而造成危险，栏杆间距一般不大于 120mm。

2. 楼梯的设计形式

楼梯是连接住宅垂直空间的纽带，主要分为直线形楼梯和曲线形楼梯。

（1）直线形楼梯

① 一字形楼梯。一字形楼梯又称为直跑式楼梯或单跑式楼梯，如图 2-2-25 所示。这种楼梯在平面上的形态呈一字形，是直线形楼梯中最简单的一种类型。如果楼梯跨度较长，需要在中间设置休息平台，以确保安全性能。这种类型的楼梯相对比较隐蔽，而且占地面积较小。

② L 形楼梯。L 形楼梯又称为折角楼梯，如图 2-2-26 所示。从平面上看，这种楼梯呈 L 形，在转折的区域作为休息平台。相较于一字形楼梯，L 形楼梯需要占用更多的面积。

③ 对折楼梯。对折楼梯又称为剪刀楼梯，如图 2-2-27 所示。其转折区作为休息平台，中间楼梯井部分镂空区域小。虽然这种楼梯的占地面积较一字形楼梯更大，但其安全性更高。

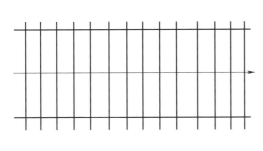

(a) 一字形楼梯平面示意图

(b) 一字形楼梯

图 2-2-25　一字形楼梯

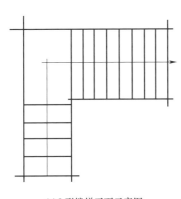

(a) L形楼梯平面示意图

(b) L形楼梯

图 2-2-26　L形楼梯

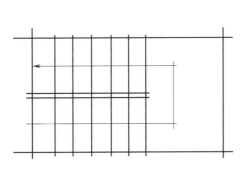

(a) 对折楼梯平面示意图

(b) 对折楼梯

图 2-2-27　对折楼梯

④ U 形楼梯。U 形楼梯又称为三跑楼梯，如图 2-2-28 所示。从平面上看，这种楼梯呈 U 形，中间有两处拐角的区域作为休息平台，并且楼梯井的中心区域镂空。

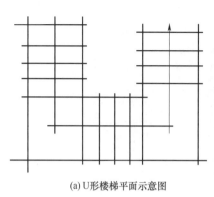

(a) U形楼梯平面示意图

(b) U形楼梯

图 2-2-28　U 形楼梯

（2）曲线形楼梯

① 弧形楼梯。弧形楼梯如图 2-2-29 所示。这种楼梯和 L 形楼梯相似，转折处呈弧线状，没有休息平台，整体造型流畅，能够使空间更加动感。

② 旋转楼梯。旋转楼梯如图 2-2-30 所示。这种楼梯曲线优美，对于空间面积有一定的要求，整体形式感和气势感十足，能够勾勒出独特美感的线条。

图 2-2-29　弧形楼梯

图 2-2-30　旋转楼梯

③ 旋臂楼梯。旋臂楼梯如图 2-2-31 所示。它以中间的一根杆件为轴心，所有台阶沿着这个轴心由下而上螺旋上升，占地面积较小，相对而言其空间感会更小。

3. 楼梯的设计要点

楼梯设计要点如下：

① 楼梯设计应严格按照相关规范，根据实际项目层高，做好台阶级数、高度、宽度设计。一方面，台阶级数应考虑到每一级台阶的高度是否舒适，通常一级台阶的高度为 150~180mm；根据现有层高和台阶级数，计算台阶宽

图 2-2-31　旋臂楼梯

度是否在 250~300mm，若台阶宽度为 220~250mm，则只能做内凹型或者悬浮型台阶，若小于 220mm，则需要整体重新规划。另一方面，考虑到使用安全性，特别是防止上下楼时头部碰撞第二层楼板，设计时须确保楼板与其下方踏步之间的垂直距离至少达到 2150mm，具体还应结合居住者的平均身高决定。

② 设计楼梯时，应注意踏步面的照明设计，防止踏步面产生阴影而发生安全隐患。

③ 在楼梯材质方面，应注意选择防滑材料，尤其在楼梯下部设计水景、植物景观时应注意防止积水，以免造成地面湿滑。

三、庭院设计

庭院是居住区公共空间的一部分，而居住区公共空间是供人们日常生活和社会活动的公用城市空间，不仅包括庭院，还包括街道、广场、公园等空间。根据《城市居住区规划设计标准》（GB 50180—2018），居住区规划设计应统筹庭院、街道、公园及小广场等公共空间形成连续、完整的公共空间系统。因此，在庭院景观设计中也应重视空间布局，合理组织建筑、道路、绿地等要素，塑造宜人的生活空间。

庭院设计风格有多种分类方式，按照表现形式的不同，可以分为自然式、规则式以及由这两种风格派生出来的混合式；按照地域的不同，一般分为中式、日式、美式、英式、法式、东南亚以及地中海等风格。

1. 住宅庭院的设计要素

山、水、植物、建筑是构成园林的基本要素。对于住宅庭院景观设计，筑山、理水、植物配置、建筑营造也是设计、造园的四项主要工作。

庭院与居住建筑相辅相成、相互呼应，其中最为直观的感受便是风格的搭配与呼应。在庭院景观设计中，应遵循整体性原则，依据表现形式或地域风格定位，选择与庭院、建筑整体相适应的基本要素形式。

植物是庭院景观设计的重要组成部分，它不仅能够通过季相变化给人带来视觉上的享受，还能够有效改善局部小气候，软化建筑边界，使建筑与小庭院环境更加和谐，同时也可以作为空间主体，对空间进行划分，增加景观层次。在植物配置时，不仅要保证植物生长的生态学要求，还要保证其配置的艺术要求。设计上应遵循适用、美观、经济、安全的原则，对乔木、灌木、草花及与其他景观要素进行合理搭配。植物配置时应注意以下问题：

① 充分利用现有场地自然条件，宜保留并合理利用已有树木、绿地和水体。

② 考虑到经济性和地域性原则，应适地适树，以易存活、耐旱力强、寿命较长的地带性乡土树种为主。同时，考虑到安全性和健康性，应选择病虫害少、无针刺、无落果、无飞絮、无毒、无花粉污染、不易导致过敏的植物种类。

③ 应合理搭配乔木、灌木、草花等，注重落叶树与常绿树的结合及交互使用，满足

夏季遮阳和冬季采光的需求。同时，应使生态效益与景观效益相结合，为居民提供良好的景观环境和居住环境。

④ 充分发挥场地特点，可采用立体绿化的方式丰富景观层次，增加环境绿量。

⑤ 注意高大乔木的应用，避免影响建筑采光。

建筑小品是庭院景观中的点睛之笔，通常体量较小，兼具功能性和艺术性，对生活环境起点缀作用。庭院中常见的建筑小品主要有服务类小品、装饰类小品以及照明类小品，如图 2-2-32 所示。服务类小品主要有供人休息、遮阳的廊架、亭台、桌椅、健身游戏设施；装饰类小品主要有雕塑、置石、景墙、窗、门、栏杆、铺装等；照明类小品主要有草坪灯、景观灯、庭院灯、射灯等。

图 2-2-32　庭院中常见的建筑小品

建筑小品设计应以人为本，尤其应关注老年人和儿童的户外活动需求，综合考虑建筑、庭院的形式、尺度、风格和色彩，选择适宜的材料，精心设计，体现人文关怀。

2. 住宅庭院景观设计要点

（1）整体风格协调统一

在庭院景观设计中，应注意室内外风格的协调统一。可以通过门窗、铺装、植物材料等作为室内外景观的媒介，营造开阔、连续性景观。

（2）满足客户功能需求

在庭院设计中，应充分考虑客户需求，如户外餐区、园艺种植、运动休闲、储物收纳等，结合场地实际情况，合理规划，以满足客户对庭院空间的期待。

（3）景观元素间合理搭配

山、水、植物、建筑要素间应相辅相成，如庭院中的山石与植物、水景与园桥、亭廊等应互相配合，以丰富景观层次，增添艺术效果。

（4）易于后期管理

庭院设计时，不仅要保证设计的合理性和施工的可行性，还要考虑到前期的造价、后期的维护与管理问题，如剪形植物、喷泉、水池等，都需要定期维护，否则会影响整体景观效果。

（5）设计的可持续性

庭院设计时，不仅要考虑采用绿色、节能、环保材料，还要考虑客户的未来使用需求，为后续无障碍设计、功能性设施更新、景观环境提升等预留优化空间，以保证景观、功能的生命力。

⚒ 任务实训

实训内容:

根据本项目任务一所给项目平面图（图2-2-9），结合前序任务中公共活动区、私密活动区、家务活动区设计方案，结合客户需求，进行住宅走廊、楼梯、庭院等附属活动区设计，按要求完成项目设计。

附属活动区
设计任务实训

实训要求:

① 根据项目平面图，从客户需求、空间功能、设计风格、装饰材料、装修预算等方面进行方案意向图设计，并以手绘形式进行表现，注意考虑前序任务中的设计方案，保持项目的统一性。

② 根据手绘方案和意向图，运用 AutoCAD 软件进行图纸深化表达，完成项目施工图，包括平面图、平面布置图、动线图、顶棚布置图、地面铺装图、立面图等。

③ 运用手绘、3ds Max、酷家乐、SketchUp 等进行项目效果图表现。

④ 提交设计作品源文件和图片文件。

✎ 实训指导

（1）设计前期准备

通过前期与客户的沟通，了解客户基本情况、需求、喜好等。由于已经完成了玄关、起居室、餐厅、卧室、卫生间、书房、厨房等空间的设计，设计定位基本形成。

（2）设计分析与定位

① 客户信息与设计要求分析。本阶段应将方案设计前期准备阶段以及前序任务中的设计方案进行梳理，作为设计定位依据。

② 场所实际情况分析。本阶段应将方案设计前期准备所收集的实地勘查资料进行列表分析，重点对过道、楼梯、庭院的空间情况进行分析，作为设计定位依据。

③ 设计风格与理念定位。综合客户信息进行设计理念定位，综合设计要求和场所实际情况进行设计风格定位。

（3）方案设计

① 确定设计方案。本阶段应将设计风格与理念定位贯穿于方案设计之中，初步确定设计方案。

② 方案草图设计。本阶段应将设计方案以草图形式呈现，重点对庭院空间进行规划，并结合过道、楼梯设计，完成意向图绘制。

③ 施工图设计。包括平面图（在前序任务中平面图基础上进行绘制），平面布置图（包括空间尺寸、设备设施、家具布置、绿化与陈设等），动线图（室内空间与室外庭院之间的动线关系），地面铺装图（包括地面铺设的材料名称、规格、颜色等），顶棚

布置图（包括顶棚灯具布置、灯具名称、顶棚造型、顶棚材质名称等），立面图（包括楼梯立面、庭院小品立面等）。图纸中的图例、线型、图框、比例等，应参照《建筑装饰装修制图标准》(DB32/T 4358—2022) 进行绘制。

④ 效果图设计。依据前期方案、意向图、施工图，运用电脑或手绘形式进行效果图表现，可以根据室内、室外特点使用不同制图方法完成。

⑤ 设计说明。应详细说明工程概况、设计理念、设计亮点等。

（4）设计图纸要求

① 意向图。功能设计全面，动线规划合理，体现设计创意创新性，能够将室内设计延伸拓展到室外庭院景观设计。

② 效果图。每个功能空间至少 2 张效果图，庭院设计至少 3 张效果图，包括建筑小品设计。

③ 施工图。运用 AutoCAD 软件制图，确保图纸规范、完整、准确，适当增加施工详图。

📝 任务评价

实训评价标准如表 2-2-4 所示。

表 2-2-4　　　　　　　　　　　　实训评价标准

序号	评价项目		评价内容	分值	评价标准
1	学习态度	课前学习	能够自主完成课前学习任务,养成自主探索、持续提升的学习习惯	10 分	通过网络教学平台系统进行课前学习成果、预习情况监测,平台综合打分
2	基本素质	职业素养	能够按照进程完成项目任务,学习态度端正,能够主动探索专业知识和专业技能;能够严格遵守相关实习、实训纪律,规范作业,安全操作	10 分	各项内容每出现一处不完整、不准确、不得当处,扣 1 分,扣完为止
		团队协作	能够团队互助,协作完成工作任务,具有良好的沟通表达能力	10 分	
3	任务实训	构思立意	细节设计具有创意性,推导过程准确表达设计创意、创新亮点	10 分	各项内容每出现一处不完整、不准确、不得当处,扣 0.5 分,扣完为止
		设计方案	附属活动区风格、功能符合整体设计定位;方案具有设计感,色调和谐,造型统一并富有变化;材料应用合理,体现绿色、环保理念	40 分	
		设计汇报	团队协作制作 PPT,对概念设计成果进行汇报展示	20 分	各项内容每出现一处不完整、不准确、不得当处,扣 1 分,扣完为止
		总计		100 分	

🌀 **任务拓展**

① 对其他户型的附属活动区进行设计，并绘制相应图纸。

② 查找资料，收集公寓式住宅的相关案例。

③ 分析设计案例，尝试梳理单身公寓设计要点。

④ 制作调查问卷，了解青年群体对住宅空间的需求，进行调研分析。

⑤ 收集资料，了解智能家居的应用。

模块三

住宅室内设计综合实训

项目一　公寓式住宅室内设计

项目介绍　伴随着人类平均寿命的延长、代际价值观的差异化以及独身主义的兴起等现象，我国单人户家庭规模和占比正不断扩大，"独居"正成为一种新兴的社会现象，同时演变成一种新的家庭类型与居住方式。当前，我国单人户家庭主要由两类群体构成：一是老年单人家庭，即老年人中处于独居状态的家庭；二是年轻人单人家庭。本项目以青年公寓、老年公寓室内设计实例为典型代表，探讨公寓式住宅的室内设计方法。

任务一　青年公寓室内设计实训

● **学习目标**

1. 素质目标：遵守国家相关行业规范，培养精益求精、专注、创新的工匠精神，坚持健康、安全、环保、绿色、以人为本的设计理念，培养团队协作及专业服务精神。

2. 知识目标：了解公寓式住宅的相关概念界定；熟悉住宅室内设计相关规范；掌握青年公寓室内设计原则及设计要点。

3. 能力目标：能够结合实训任务书进行青年公寓室内设计；能够结合设计意向进行设计方案的展示与表达。

● **教学重点**

青年公寓相关设计规范；青年公寓设计要点。

● **教学难点**

结合设计任务书，进行青年公寓室内方案设计，并进行设计汇报。

● **任务导入**

随着社会经济的快速发展与城市化进程的加快，越来越多的青年人选择在城市发展。而当下国内的住宅建设正面临从粗放型到集约型转变的关键时期，因此，面积小、价格低、配套设施较为完善的小型公寓成为最具核心竞争力的住宅形式之一，同时符合现代城市青年群体的刚性需求。

本项目位于黑龙江省哈尔滨市南岗区某公寓，分为 A、B 两种户型。其中，A 户型为居室一体型，建筑面积约 33m²；B 户型为居室分体型，一室一厅一卫，建筑面积约 59m²。要求从两个户型中选择一个进行青年公寓全套方案设计，应综合考虑其功能设计、风格定位、色彩、照明、材料、预算等内容。

一、公寓式住宅相关概念

公寓式住宅
相关概念

1. 公寓

公寓一般指为特定人群提供独立或半独立居住使用的建筑，通常以栋为单位，配套相应的公共服务设施。它经常以其居住者的性质冠名，如学生公寓、运动员公寓、专家公寓、外交人员公寓以及青年公寓、老年公寓等。公寓中居住者的人员结构相对于住宅中的家庭结构简单，而且在使用周期内较少发生变化。住宅通常以家庭为单位进行配套，而公寓一般以栋为单位甚至可以以楼群为单位进行配套。

2. 小户型

户型是根据不同居民人口结构进行的住户类型划分，一般有三种分类方法，即户类别、户规模及户结构。目前对于小户型住宅没有明确的概念界定，一般将平面紧凑、居住空间较小的精巧户型或建筑面积小于 $60m^2$ 的户型统称为小户型。另外，也有相关研究从广义上出发，将小户型进一步细分为一居室建筑面积不超过 $60m^2$，二居室建筑面积不超过 $80m^2$，三居室建筑面积不超过 $90m^2$ 的居住空间。

3. 青年公寓

青年公寓是小户型住宅的一种，是指开发商通过收购、改造或直接开发等形式，提供给青年群体的居所。其整体房屋面积较小，卧室与起居室之间没有特定的空间分隔。该户型以其简洁舒适、价格低廉的特点备受青年人群的青睐。

二、青年公寓设计要点

青年公寓
设计要点

青年公寓的设计和布局不仅需要满足用户的基本生活需求，如居住、工作和娱乐等，还要注重居住空间的舒适性、美观性和个性化，以满足用户的多元化需求。因此，在这种小户型空间中，应通过关注情感化设计、创新布局策略、合理利用隐蔽空间、应用新型且环保的材料、整合智能技术等方式，以最大程度地利用每一寸空间，使其兼具舒适性、环保性、美观性和经济性。

1. 关注情感化设计

在公寓式住宅中，设计师更加需要关注用户的个性化定制需求，根据用户的生活习惯，研究使用者和空间之间的内在联系，注重空间的实用性，扩大需求多的部分，淡化使用频率少的部分，使居住空间更加人性化，体现个性化定制。

情感化设计分为本能层次、行为层次和反思层次，如表 3-1-1 所示。

表 3-1-1		情感化设计的三个层次	
序号	情感层次	情感需求	设计领域
1	本能层次	感官本能体验	材质、色彩、灯光、声环境、软装等
2	行为层次	功能使用体验	功能布置、人体工程学、空间环境营造等
3	反思层次	心理与情感体验	个性化设计、文化元素应用、设计意境等

　　本能层次体现在感官层面，重在触觉、视觉、听觉、嗅觉等设计上，如在居住空间中体现为材料的质感与颜色、空间的大小与形状、光环境的明暗和声环境的营造等。行为层次体现在使用功能上，其源于人在空间中的感受和体验，意在结合使用者本身的行为逻辑进行功能性、安全性、舒适性设计，如功能布置、人体工程学、空间环境营造的合理性。反思层次强调空间传达的内涵、意义以及对于居住者的影响，通过有形的设计手法使居住空间传达出归属感，能够在一定程度上缓解使用者的心理压力。

　　总而言之，情感化设计要求从用户角度出发，进行个性化设置。在青年公寓室内设计中，如风格定位、功能需求、色彩搭配、陈设装饰等，应满足使用者需求，实现实用价值和情绪价值。

　　在风格定位方面，在小户型居住空间设计中，应注重简约、舒适、时尚的设计原则，以满足青年人群的个性化需要。

　　在功能需求方面，"麻雀虽小，五脏俱全"，即使是小户型青年公寓，其核心功能也是必备的，如睡眠区、卫生间、厨房、用餐区、会客区，但可以按使用者需求，灵活构建最舒适的状态，如使用者不爱下厨，就可以淡化厨房功能；使用者喜欢收集手办，可以增加陈列区；使用者喜欢阅读，可以适当增加书柜数量，设计阅读区。此外，还要关注使用者在人体尺度方面的特点，避免出现不符合人体工程学的家具和使用空间。图 3-1-1 所示为根据需求个性化定制的功能区。

图 3-1-1　根据需求个性化定制的功能区

　　在色彩搭配方面，合理的色彩搭配不仅可以改善空间的视觉效果，还能影响居住者的情绪和心理感受。装饰的色彩应力求明快、简练，避免色彩过于繁复而产生逼仄的感官体验，例如，浅色和中性色能够扩大空间感，并创造宁静舒适的氛围。此外，还需要考虑材料和纹理的选择，不同的材料和纹理可以带来不同的色彩效果，例如，亚光材料可以吸收更多光线，能够创造出柔和的视觉效果。图 3-1-2 所示为小户型的色彩搭配。

图 3-1-2　小户型的色彩搭配

在陈设装饰方面，小户型空间饰物建议少而精，尽量不使用复杂的装饰，且在各个功能分区应有统一的元素。为了增添活力和个性，可以采用鲜艳的色彩作为装饰点缀，如靠垫、挂画等，在不影响整体宽敞感的情况下，可以适当增添个性化的元素。小户型的陈设设计如图 3-1-3 所示。

图 3-1-3　小户型的陈设设计

2. 创新布局策略

青年公寓通常具有相对较小的面积，必须在有限的空间内最大程度地实现用户的各种功能需求，主要采用以下做法：

（1）布局开放灵活

在青年公寓中，不宜使用实体墙完全分隔各空间，宜采用开放式布局。这种布局可以使空间在视觉上更加宽敞，缓解小户型住宅可能带来的拥挤感，同时能够使各空间相互联系，用户可以根据自身需求和生活方式布置空间，使其更符合个人偏好。此外，开放式布局还能使空间更具社交性，满足使用者的交流、互动需求。

在小户型设计中，可以选用半墙、通明门等进行间隔，使整个空间在视觉上通透一体。例如，在居室一体型布局中，起居室与卧室常集合为一体，其功能区较紧凑，可以通过半墙、玻璃门、屏风等虚分空间，既能保证空间的私密性，又能保证其连续性，如图 3-1-4 所示。

（2）功能高效复合

多功能设计是针对青年公寓小户型空间的另一个关键策略，开放式布局为多功能设计提供了可能。必须充分利用每一寸空间，确保每个区域都能实现多种功能。一方面，可以通过定制化、多功能家具，经过组合、拆装实现多功能需求；另一方面，可以通过可移动性隔断墙实现多功能性。在小户型空间中，可以通过使用滑动或可折叠的隔断墙，根据需要改变空间的布局，实现空间的大小变换。如图 3-1-5 所示，通过可移动电视隔断墙将空间划分为白天模式和夜晚模式，夜晚来临时，移动电视隔断墙，将嵌入式折叠床展开，就形成了一个睡眠区，实现了空间的高效利用。

(a) 利用半墙分隔睡眠区和用餐区　　　　　　(b) 利用玻璃门分隔睡眠区和起居区

图 3-1-4　居室一体型布局

(a) 白天模式空间布局　　　　　　　(b) 夜晚模式空间布局

图 3-1-5　空间大小变换

3. 合理利用隐蔽空间

小户型住宅空间往往面临着储存空间不足的问题，因此，需要找到创新的解决方案，

以最大程度地利用隐蔽的空间。利用墙面储物、利用楼梯下部空间储物（图 3-1-6）等都是小户型空间中创造额外储存空间的方式。

此外，还可利用垂直空间储物，如在墙面上安装壁橱、书架、悬挂架和嵌入式储物柜等，可以不占用地面面积，最大化利用空间，如图 3-1-7 所示。利用垂直空间储物，不仅可以使空间整洁有序，还可以起到装饰作用，增加房间的美感。同时，墙面储物也使物品更容易拿取，不需要弯腰寻找，从而提高了储物空间的实用性。

图 3-1-6　利用楼梯下部空间储物

(a) 清洁设备、用具垂直收纳设计　　　　　　(b) 玄关、用餐区墙面储物

图 3-1-7　利用垂直空间储物

4. 应用新型且环保的材料

在城市化趋势下，公寓式住宅的设计将更加重视可持续性和环保性。在装修设计中，需要考虑使用环保材料和技术，以减少资源浪费和环境影响，如通过应用可循环利用材料、可再生材料以及节能技术、智能化技术等方式提高能源效率，降低生活成本。此外，金属材料、太阳能板、绿色屋顶和高效保温材料等也可以进一步探索应用。

根据环境心理学的研究，接触自然元素能显著提高居住者的心理健康和幸福感，住宅室内设计理念也将更加注重人与自然的和谐共生。例如，利用室内植物和自然采光打造健康、宜居的环境，以提升居住者的整体满意度。绿植在室内设计中的应用如图 3-1-8 所示。

图 3-1-8　绿植在室内
设计中的应用

5. 整合智能技术

智能家居系统的设计是提高青年公寓居住体验的关键策略之一。通过集成先进的技术，如远程控制、自动化系统和智能设备，能够提高住宅的居住舒适度、安全性和能源使用效率。一方面，通过集成各种智能设备和家居系统，如智能照明、温控系统、安全系统和娱乐系统等，能够实现设备集中控制和智能化。另一方面，通过使用感应器和定时器，能够实现自动调节温度、光照、湿度等，降低能源浪费。此外，还可以通过智能安全系统，如视频监控、入侵检测、烟雾探测等设备，实时监控和控制安全状况，以提高安全性和便捷性。

三、青年公寓设计思路

1. 关注情感化设计

在进行青年公寓室内设计前，应充分调研，明确客户感官、功能、心理等层面需求，尊重客户的生活习惯和生活模式，编制设计任务书，实现个性化定制的设计目标。

2. 优化空间布局

应结合项目场地状况及客户需求，合理划分私密空间和公共空间，合理组织动线，保障各功能空间的高效运转和有效互动。

3. 实现功能需求

应结合客户生活习惯，为其提供更便捷、更舒适、更高效的设计建议。同时，应融入新技术、新材料、新工艺、新设备，在有限的空间内创造无限的可能性。

4. 融入可持续理念

在设计、实施过程中应采用环保材料和绿色工艺，同时应进行灵活设计，为未来规划提供弹性空间。

📋 青年公寓室内设计实训

项目概况：

（1）A 户型项目概况

客户为女性，25 岁，公司职员，一个人居住，希望有足够的衣物收纳空间，喜欢丰富的色彩及时尚精致的装修风格，装修预算大约为 12 万元（包括家具、家电费用）。

青年公寓室内
设计实训

青年公寓 A 户型
项目图纸

（2）B 户型项目概况

客户为男性，35 岁，销售人员，爱好健身、玩游戏，有时在家工作，喜欢科技感，装修预算大约为 20 万元（包括家具、家电费用）。

青年公寓 B 户型
项目图纸

实训目标：

① 熟悉室内设计相关规范。

② 掌握对客户及场地调研、分析的方法。

③ 依据客户需求，掌握空间布局方法。

④ 掌握设计风格、色彩与材质的选择方法。

⑤ 结合客户的要求，掌握室内设计创作方法。

⑥ 掌握手绘、计算机制图等设计表现的方法。

⑦ 掌握规范绘制室内装饰施工图的方法。

实训内容：

（1）前期准备

对接客户，开展现场踏查与测量工作，收集信息，完成项目任务书。项目任务书可参考表1-2-3。

（2）方案设计

① 确定设计方向。结合前期准备阶段成果，抓住主要信息作为设计定位依据，综合客户需求、场地实际情况进行设计风格与理念定位。

② 确定设计方案。将设计风格与理念定位贯穿于方案设计之中，确定解决技术问题的方案，如空间布局方案、功能分区方案、动线组织方案、家具设施布置以及顶棚等界面设计、照明设计、色彩配置设计等内容。

③ 收集主材及产品资料。结合需求遴选主材、家具和配饰产品。

（3）施工图设计

进一步完成平面图、立面图、顶棚图、剖面图等施工图纸绘制，依据标准图集绘制通用节点图。

实训要求：

设计图纸要求如表3-1-2所示。

表3-1-2　　　　　　　　　　　　　设计图纸要求

序号	设计文件		相关要求
1	量房成果		A3尺寸量房草图及现场照片
2	设计草图		包括一张手绘室内平面布局草图，一张手绘体现主题元素的色彩界面草图，附创意推导过程
3	主题配色、意向图		主色、衬色、补色的色标；重点空间的设计意向图或设计案例
4	效果图		起居室、卧室、餐厅等主要空间的效果图，不少于4张
5	施工图	封皮、目录及设计说明	包括工程概况、设计依据、设计思路和主材清单等
6		原始平面图	从给定的图纸中选一种户型，结合量房草图，利用AutoCAD软件绘制原始平面图
7		平面布置图、地面铺装图、家具尺寸图等	包括空间尺寸、家具布置及主要家具名称、室内绿化与陈设，如地面有高差时应注明标高；绘图比例为1：100
8		顶棚布置图	包括顶棚的灯具布置和灯具名称、顶棚造型基本尺寸、顶棚材质名称；顶棚图中灯具定位图应包括顶棚灯具间距的尺寸标注和顶棚标高；绘图比例为1：100
9		立面图	起居室、餐厅、厨房、主卧、书房、卫生间各主要墙面的立面图，至少8张，标明尺寸及材质；比例自定

续表

序号	设计文件		相关要求
10	施工图	剖面图、详图	绘制出平面图、顶棚图等须进行特殊表达的部位,应标识剖切部位的装饰装修构造各组成部分之间的关系,注释建筑尺寸、构造及定位尺寸、详细造型尺寸;注释装饰材料的种类、图名比例等

📝 **任务评价**

实训评价标准如表 3-1-3 所示。

表 3-1-3   实训评价标准

序号	评价项目		评价内容	分值	评价标准
1	前期准备	项目任务书	前期调研充分,能够完成项目任务书编制,融入以人为本的设计理念	5分	各项内容每出现一处不完整、不准确、不得当处,扣 0.5 分,扣完为止
		量房成果	对场地内外环境进行勘测、踏查,能够详细记录现场状况,绘制空间基本尺寸、细部尺寸	5分	
2	方案设计	设计草图	整体功能布局合理,流线顺畅、图面整洁;制图标准、规范,画面整体效果得当,能初步表现设计创意;装饰界面设计与位置符合整体方案设计效果,符合设计元素及思路;推导过程准确表达设计创意、主题设计、创新亮点;整幅图纸构图合理、具有设计感,色调和谐,造型统一并富有变化	10分	布局功能出现明显错误,扣 5 分,各项内容每出现一处不完整、不准确、不得当处,扣 0.5 分,扣完为止
		主题配色、意向图	基于客户喜好,主题配色选择适宜,符合设计审美原则;意向图能够较好诠释设计理念及设计意图,且具有时代性和前沿性	5分	各项内容每出现一处不完整、不准确、不得当处,扣 0.5 分,扣完为止
		效果图	整体方案紧扣设计主题;模型创建完整、准确、精细,并与整体设计方案相对应;能在图中体现模块一中的设计元素及装饰图形,并将其表现在效果图中;能借助提供的贴图素材准确表现设计方案中所使用的材质;合理设置照明及灯光,效果图光线合理,曝光合适,清晰美观;空间形体的结构、转折关系明确,家具以及空间装饰的造型、轮廓、体量关系表达清晰;导出完整的、符合像素要求的效果图	20分	

续表

序号	评价项目		评价内容	分值	评价标准
3	施工图设计	封皮、目录及设计说明、主材清单	设计依据合理、符合规范表达要求;主题表现阐述清晰、准确,语言简洁;设计构思体现主题,设计逻辑清晰合理;设计创新亮点准确表达,与设计内容、形式相符;材料表列项包括序号、材料编号、材料名称、材料规格、防火等级、特征描述、使用部位、备注等内容;材料编号与材料名称对应且符合规范要求;材料规格准确且符合市场实际尺寸规格;材料防火等级正确且符合空间实际使用需求规范;材料使用部位描述准确、完整	5分	各项内容每出现一处不完整、不准确、不得当处,扣0.5分,扣完为止
		原始平面图	图幅、比例选择合理;尺寸、文字注释合适;家具陈设尺度合理,符合人体工程学要求;图签、索引表达准确;图层设置合理,线型比例合适,线宽输出符合制图标准	5分	
		平面布置图、地面铺装图、家具尺寸图等		10分	
		顶棚布置图	顶面造型表达准确;尺寸、注释、比例准确;材料、灯具表达清晰;图案填充比例合适;图层设置合理,线型比例合适,线宽输出符合制图标准	10分	
		立面图	图幅、比例选择合理;尺寸、文字注释合适;界面设计合理,材料选用准确;图签、索引表达准确;图层设置合理,线型比例合适,线宽输出符合制图标准	10分	
		剖面图、详图	所绘设计内容及形式应与方案设计图相符;构造节点应能绘制出平面图、顶棚图等须进行特殊表达的部位,应标识剖切部位的装饰装修构造各组成部分之间的关系;进行尺寸标注及注释,包括建筑尺寸、构造及定位尺寸、详细造型尺寸,注释装饰材料的种类、图名比例等;符号绘制准确,如轴线、标高符号等;图纸比例、图幅设置合理,符合制图规范;填充图例说明准确;图层设置合理,线型比例合适,线宽输出符合制图标准	5分	
4	基本素质	职业素养	能够按照进程完成项目任务,学习态度端正,能够主动探索专业知识及专业技能;能够进行设计汇报,逻辑清晰,语言表达流畅;能够严格遵守相关实习、实训纪律,规范作业,安全操作	5分	各项内容每出现一处不完整、不准确、不得当处,扣1分,扣完为止
		团队协作	能够团队互助,协作完成工作任务,具有良好的沟通表达能力	5分	
总计				100分	

任务二 老年公寓室内设计实训

● **学习目标**

1. 素质目标：遵守国家相关行业规范，培养精益求精、专注、创新的工匠精神，坚持健康、安全、环保、绿色、以人为本的设计理念，弘扬尊老敬老传统美德，践行"老有所依、老有所乐、老有所安"的国家号召，培养团队协作及专业服务精神。

2. 知识目标：了解公寓式住宅的相关概念界定；熟悉老年人居住建筑设计、无障碍设计及相关规范；掌握老年公寓室内设计的设计原则及设计要点。

3. 能力目标：能够结合实训任务书进行老年公寓室内设计；能够结合设计意向进行设计方案的展示与表达。

● **教学重点**

老年公寓相关设计规范；老年公寓设计要点。

● **教学难点**

结合设计任务书，进行老年公寓室内方案设计，并进行设计汇报。

● **任务导入**

相关数据显示，预计到 2050 年，中国老年人口总数量将突破 4.8 亿，将占世界老年人口总数的 20%。随着我国老龄化程度的不断加深，适老化室内环境的改善变得越来越重要，养老模式也在不断更新和发展，形成了以居家养老为主，以社会养老和入住养老机构等方式为辅的养老模式。无障碍、智能、适老化公寓不仅在一定程度上可以为老年人提供便利的生活条件，提升生活幸福感，还可以为既有住宅适老化改造提供一定的借鉴。

本项目位于黑龙江省哈尔滨市道里区某公寓，分别为 A、B 两种户型。其中，A 户型为居室一体型，建筑面积约 39m²；B 户型为居室分体型，两室一厅一卫，建筑面积约 90m²。要求从两个户型中选择一个进行老年公寓全套方案设计，应综合考虑适老化、功能设计、风格定位、色彩、照明、材料、预算等内容。

一、相关概念

1. 适老化设计

适老化设计的目标是使建筑对于老年人更加人性化，适用性更强。适老化设计以老年人为本，立足老年人的视角，结合需求设计出适应老年人生理、心理需求的建筑及室内空间环境，最大限度地帮助随着年龄衰老出现身体机能衰退甚至是功能障碍的老年人，为他们的日常生活和出行尽可能地提供方便。

2. 适老化无障碍设计

适老化无障碍设计是指在个人住宅、公共空间以及环境设施等方面必须根据无障碍设计理念，以适应不同类型老年人的实际需求为标准，做出相应的设计，减少或消除老年人在公共空间中可能会遇到的有形障碍和无形阻力。

3. 适老化改造设计

适老化改造设计是指以满足老年人安全、便利、舒适、健康等需求为目的，对既有住宅的套内空间、公共空间、室外公共部分进行的改造设计。

4. 适老辅具

辅助老年人日常生活的器具统称为适老辅具。其主要作用是保障老年人在环境中的安全，提高老年人独立生活的能力，减轻护理者的护理强度，提高护理效率。

5. 老年人按行为能力的分类

根据《老年人能力评估规范》(GB/T 42195—2022)，老年人能力分为能力完好、轻度失能、中度失能、重度失能和完全失能五个等级。不同行为能力的老年人对居住空间的需求各不相同。

二、老年公寓设计要点

老年公寓
设计要点

步入老年意味着从社会生产第一线退出，环境适应性开始减退，自我控制能力下降，身体机能衰退。相较于年轻人，老年人的生活起居及日常行为对周围环境及设施的要求更高。"老吾老以及人之老"，适老化老年居住空间设计的目的在于使老年人在不同年龄阶段、不同自理状态下，仍能在自己熟悉的居住环境中尽可能地维持自理或半自理生活状态，为老年人设计出一个更健全、更舒适的生活环境，使其在心理上获得归属感和亲切感，从而收获更多的尊严与乐趣。

为设计出功能优化、尺度合理，安全性、实用性兼具的居住空间，在进行老年公寓设计时，应从老年人特征分析出发，对各居住空间进行定制化、前瞻化设计。

1. 老年人特征分析

老年人的生理及运动机能是随着年龄的增长而逐渐退化的，这是一个潜移默化的过程。因此，在进行居住空间设计时，不仅要考虑到老年人近期的需求，还要为老年人的未来安全、便利生活做出前瞻性规划。

（1）老年人生理特征及需求分析

随着年龄的增长，老年人的身体机能、知觉能力、认知机能逐渐减退。相关研究表明，在 65 岁左右，人的感官系统开始退化，向神经中枢传递信号的能力变低，主要表现为视觉能力下降、听觉水平降低、触觉功能减弱、味觉和嗅觉功能迟钝等。应深入了解老年人生理功能的变化，制订更贴近其实际需求的解决方案，营造安全、易用、舒适的居住环境。老年人的生理特征及需求如表 3-1-4 所示。

表 3-1-4　　　　　　　　　　　　　老年人生理特征及需求

序号	影响因素	原因分析	设计需求
1	身体机能	身体尺寸减小,识别能力减弱	以安全为首要条件,结合人体工程学尺度设计,如适当降低开关、按键高度,提高插座高度;考虑圆弧阳角,家具避免尖角样式;提高室内照明亮度
		肌肉力量减弱,平衡协调能力下降,运动机能减弱等	地面平整,尽量减少高差,有高差空间的进出口地面采用平滑斜面设计,方便轮椅通过;在不易站稳的地方设置扶手;根据不同情况选择地面材料,注意防滑;适当应用智能化家具,使用能调整高度和进深的座椅,设置稳定的座面;保证通行空间、门、过道宽度满足轮椅回转或通行需求
		免疫力下降	结合设计规范,保证采光充足;适当设计活动空间,满足室内活动、运动需求;做好保温、防潮,减少温差;采用便于清洁、抗菌的材料
2	知觉能力	对光感知能力减弱,听力下降	提高室内照明亮度;选择不会直接看到光源的照明灯具,防止眩光;选择缓慢变亮的照明灯具;注意楼梯、玄关照明,考虑夜灯安装;注意消除室内外高差,色彩对比明确;放大提示标志,使其醒目;可考虑安装通过光线提示来电信息的电话装置
		嗅觉、触觉等其他感知觉随年龄的增长不同程度衰退	适当采用粗糙材质、防滑材质;安装煤气感应器
		反应速度下降	调节电梯、房门开关门速度;采用智能化、自动化设备
		注意力、记忆力不同程度减弱	强化环境特征、识别性;设施简易、省力;怀旧物件、老物件再利用,唤起记忆,增强空间亲切感;储藏空间应易辨认或有标识,便于整理;储物位置应易拿取;采用智能化设备,如智能门锁等
3	认知机能	思维意识衰退,对部分事情不能做出正确判断	提供有特色、有趣味的活动空间,提高认知能力;采用智能温控、光控等系统,保证空间安全,舒适运行

（2）老年人心理特征及需求分析

老年人社会活动减少，人际关系减弱，生活环境变窄。在面对社会地位改变、生理机能不断衰退的现实时，老年人会缺少存在感和自我价值感，甚至会产生孤独感、自卑感及恐惧感。

在适老化空间设计中，应根据老年人心理层面的特殊需求，营造温馨舒适的居家环境。例如，适当设置老年人社交空间以及能够独立使用的设备，增加他们的参与感，从而有效提高其自信心并提升其幸福感。老年人的心理特征及需求如表3-1-5所示。

表3-1-5　　　　　　　　　　老年人心理特征及需求

序号	影响因素	原因分析	设计需求
1	社会因素	角色转变，因职业生涯结束，由抚养向被抚养的转变	尊重老年人喜好，充分听取老年人意见，让他们参与到居住环境设计过程中；营造室内交流、交往空间，营造和谐的家庭氛围
		人际关系疏远，圈子变小，闲暇时间增多，交往需求增加，"空巢"现象	打造老年人专属空间，提高归属感；鼓励老年人社交，提升社会参与感；旧物改造利用，旧物陈列，唤起记忆，增强空间亲切感；帮助老年人找到喜欢的事、物、人，为老年人继续实现梦想提供可能
		社会需求、依赖性增加	设置老年人能够参与的家庭活动、家庭劳动，提升其价值感和自信心
2	人文因素	"孝"文化、家庭文化	营造室内交流、交往空间，营造和谐的家庭氛围
3	自身因素	识别能力减弱而产生失落感、自卑感	营造归属感、家庭感；适当设置挑战性活动，促进老年人活动，提高其成就感；考虑老年人隐私，进行有尊严的护理，如在护理区适当设置屏风、柜子，用于阻挡视线
		生理机能衰退而产生恐惧感	打造利于交流的家庭空间，如起居室、餐厅的互动设计，提高其归属感和家庭感；采用智能化、适老化设备，保障老年人独立操作能力，提高其成就感和自信心

2. 玄关适老化设计

(1) 入户门及通行空间尺度

根据《老年人照料设施建筑设计标准》(JGJ 450—2018)，经过无障碍设计的场地和建筑空间均应满足轮椅进入的要求，通行净宽不应小于800mm，且应留有轮椅回转空间。根据《无障碍设计规范》(GB 50763—2012)，不应采用力度大的弹簧门，且不宜采用玻璃门，当采用玻璃门时，应有醒目的提示标志；自动门开启后通行净宽度不应小于1000mm；平开门、推拉门、折叠门开启后的通行净宽度不应小于800mm，有条件时，不宜小于900mm；在门扇内外应留有直径不小于1500mm的轮椅回转空间。轮椅通行尺寸需求如图3-1-9所示，注意保证门厅处应预留足够尺寸，为老年人后期身体变化预留空间。

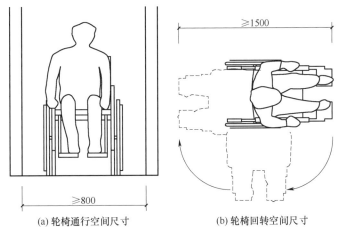

(a) 轮椅通行空间尺寸　　　　　(b) 轮椅回转空间尺寸

图 3-1-9　轮椅通行尺寸需求

（2）入户门设计

入户门建议采用外开门设计，防止老年人在室内跌倒无法内开门救助。同时，建议使用智能门锁，解决老年人记忆力下降而经常忘带钥匙的问题。当前市场上的许多智能门已集智能锁、智能门铃、监控、远程遥控于一体，能够大大提高安全性和便利性。

（3）玄关设施及适老化设备设计

玄关可以设置换鞋凳及穿衣镜，方便老年人使用；也可以根据客户习惯或需求设置扶手或隐藏扶手，如可以支撑、抓握的柜体扶手，方便老年人站立换鞋，减少蹲起。根据《无障碍设计规范》（GB 50763—2012），无障碍单层扶手的高度应为850~900mm；扶手应保持连贯，靠墙面的扶手的起点与终点处应水平延伸不小于300mm；扶手末端应向内拐到墙面或向下延伸不小于100mm。为便于老年人能够充分抓握扶手，外凸的扶手内侧应离墙40mm以上，墙面内嵌式扶手也应充分考虑手部的抓握空间，圆形扶手的直径或矩形扶手截面的尺寸均为35~50mm。此外，必须确保扶手安装的牢固度，尽可能与地面直接固定，安装于墙面时则必须是承重墙面。

玄关处可设置物板、挂钩、置物柜，方便老年人放置钥匙、雨伞、口罩等常用物品。应注意置物柜的照明设计，结合需要设置感应灯带。此外，玄关处可设计入户感应灯，开门后，玄关灯自动点亮，避免在黑暗中寻找开关，同时方便老年人起夜。

3. 起居室适老化设计

（1）家具适老化设计

选择软硬适中的适老沙发，沙发旁设置扶手，以免老年人坐下后难以起身。考虑到老年人白天睡眠时间增加以及睡眠的间断性、频繁性等特点，应关注沙发的舒适性，方便老年人随时休息，实现起居室的第二卧室功能。茶几可以选择轻便、灵活的形式，建议略高于沙发座面，在座椅旁放置略低于沙发的边几，便于老年人放置水杯等物品。家具应避免选用带有锐角、尖角的设计，防止老年人磕碰或摔倒发生二次伤害。同时，可以选用可移动、可收纳的家具，为老年人的后期需求预留空间。此外，家具材质上可以选择绿色环保材料，保证室内健康环境。

在家具尺寸上也要考虑用户需求情况。如沙发与茶几之间的距离应控制在 400mm 以上，使老年人能够舒适地伸直双腿，起身拿东西时也不会被绊倒；茶几与电视柜之间的距离应为 800mm 以上，若日后老年人需要乘坐轮椅，也可顺利通过；沙发与电视之间的距离应为 2000~3000mm，电视高度在 450~600mm，保证老年人的视线与电视齐平，满足老年人的观影需求。

（2）起居室收纳设计

起居室可根据需求设置收纳柜，柜体建议采用明格设计，在提升房间收纳能力的同时，还能有效避免老年人因视线遮挡而难以找到所需物品。

（3）起居室适老化设施、设备设计

起居室作为老年人日常活动、会客的场所，是老年人白天的主要使用空间。建议沿房间墙面设置扶手，或设置隐形扶手，辅助老年人行走，保证老年人站立不稳时能够随时有抓握、支撑设施。可以在必要位置安装紧急呼叫按钮，或鼓励老年人穿戴智能设备，以便随时了解其生命体征。同时，可以在室内安装环境质量监测智能感应系统，利用遥控器、声控、光控和体感操作等方法，与门窗、窗帘、空调、照明等形成联动，优化室内环境，方便老年人的生活。此外，还可以设置智能交互系统，如随时与家人连线的智能监控、可对话的智能音箱和智能机器人等，丰富老年人的生活。

（4）起居室空间设计

起居室作为重要的活动空间，根据老年人的生活特点和需求，不仅需要预留轮椅回转空间，还需要考虑为老年人居家日常体育训练、瑜伽、跳舞等活动预留空间，打造一个功能多样、灵活舒适的起居室环境，为老年人提供更加人性化、丰富的居住生活。此外，起居室还可以作为家庭、儿童游戏娱乐区，便于老年人与家庭成员沟通交流，有利于增加家庭氛围的活跃性，同时能够激发老年人的价值感和归属感，有效增强他们的自信心。

4. 卧室空间适老化设计

（1）家具适老化设计

在卧室家具的选择上，除考虑其材质和外形的安全性外，还要注重床的安全性和舒适性。应避免床垫过于柔软，同时可以考虑采用"分体式"床垫，这样既能根据个人需求选择最舒适的床垫，还能避免同寝人互相干扰，从而提高睡眠质量。床的高度通常为 450mm，床两侧及床尾建议增设扶手，助力老年人起身，扶手高度宜为 700~900mm。此外，床头柜应设在床的两侧，不仅能够存放常用物品，还能作为老年人起身时的支撑物。卧室床及周边区域适老化设计如图 3-1-10 所示。

此外，应注意床的两边须预留通行空间，保证通道宽度不小于 800mm，以便于老年人行走、整理床铺，又能保证日后老年人乘坐轮椅时能够轻松接近床铺，同时也便于护理人员进行护理工作。

衣柜设计应考虑收纳空间最大化，建议使用推拉门，以方便开合。同时，采用封闭与开放相结合的柜体形式，在高处设置升降挂衣杆，方便老年人使用。此外，上层空间不建议放置重物，不便于拿取，图 3-1-11 所示为衣柜适老化尺寸参考图。

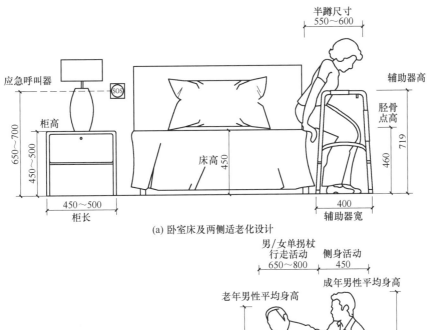

(a) 卧室床及两侧适老化设计

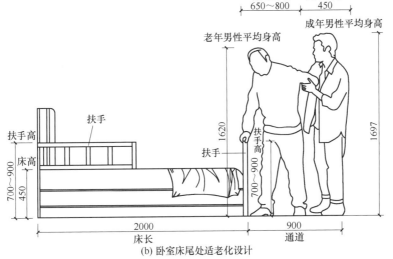

(b) 卧室床尾处适老化设计

图 3-1-10　卧室床及周边区域适老化设计

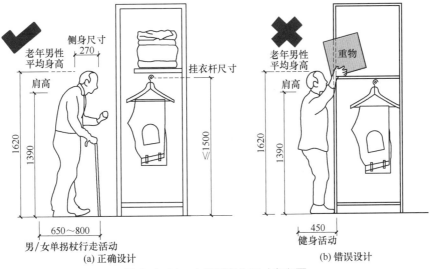

(a) 正确设计　　　　　　　(b) 错误设计

图 3-1-11　衣柜适老化尺寸参考图

在卧室空间设计中，应适当丰富使用功能，如设置书桌、躺椅、电视等家具、家电，避免老年人产生孤独感。

（2）卧室适老化设施、设备设计

考虑到老年人的生理和心理因素，应保证卧室具有充足的光照和良好的通风条件。同时，应保证房间的整体照明，采用照度较高的室内照明设计，以满足老年人对照度的需求，如图 3-1-12 所示。

图 3-1-12　照度较高的室内照明设计

老年人卧室适宜选用温暖舒适的灯光，避免强光对老年人眼睛的刺激。同时，在灯光控制上，应选择会渐亮渐灭的灯具，从而避免因明暗变化过大而引起的双眼不适。此外，宜设置起夜感应灯，如图 3-1-13 所示，避免夜间视线模糊，发生意外；也可以在床的下方嵌入一条灯带，如图 3-1-14 所示，一旦老年人起身或下床，灯带便会自动亮起，且其光线柔和，不会干扰同寝者睡眠。

图 3-1-13　卧室起夜感应灯设计

图 3-1-14　卧室床下灯带设计

卧室内除设置必要的紧急呼叫按钮外，还可根据需要配置护理床及带有智能监测功能的床垫，从而监测老年人的睡眠质量、心率等，并将数据实时发送到手机上，及时报告异常情况。此外，可以利用环境质量监测智能感应系统，提高卧室空间的舒适性和便利性。

5. 卫生间适老化设计

对于老年人而言，室内卫生间不仅是使用率极高的空间，同时也是较容易发生意外的场所。因此，卫生间的安全性及便捷性尤为重要，设计时应重点关注。

（1）卫生间安全性设计

首先，在卫生间中应尽可能地腾出相对宽敞的空间，为了便于老年人及轮椅通行，整体空间宜采用无高差、无门槛的设计，减少通行障碍；其次，卫生间平开门应采用外拉开启方式（图3-1-15），或采用拉门形式，如发生意外，避免被困，便于快速救治；此外，地面湿滑会严重威胁老年人的安全，卫生间的干湿分离、防滑也十分重要；最后，卫生间内可安装自动感应灯、自动报警装置、紧急呼叫器设备等，确保老年人发生意外时能够自救，紧急呼叫器设备应安装在坐便器侧墙或浴区等重要位置，确保易于触摸又能避免误碰，其拉绳底部距地面100mm左右，以便老年人摔倒在地时也能发出求救信号。

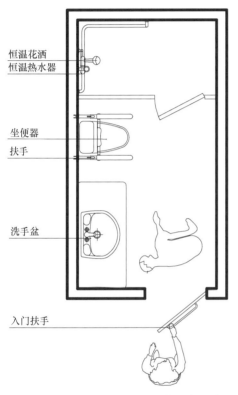

图 3-1-15　卫生间平开门外拉开启方式

恒温花洒
恒温热水器

坐便器
扶手

洗手盆

入门扶手

（2）卫生间如厕区设计

对于老年人而言，其下肢力量逐渐减弱，马桶因其更稳定的重心设计，相较于蹲便更加安全。同时，可在马桶旁边加装扶手（图3-1-16），或安装电动升降坐便椅（图3-1-17），从而帮助老年人稳住重心。鉴于部分老年人可能存在清洁难题，可以选择智能马桶（图3-1-18），使其如厕更加便捷、舒适。如果家中没有马桶或者不方便安装马桶，则可以考虑在蹲便上安置折叠式坐便椅。

图 3-1-16　马桶旁扶手设计

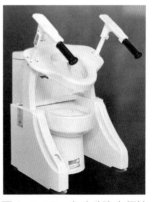

图 3-1-17　电动升降坐便椅

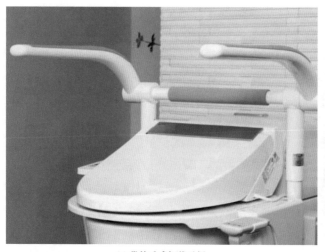

(a) 带扶手式智能马桶

(b) 不带扶手式智能马桶

图 3-1-18　智能马桶

（3）卫生间盥洗区设计

如有使用轮椅需求的老年人，可选择半悬空的洗手台，为轮椅的进出使用留下充足的空间，如图 3-1-19 所示。此外，相较于固定的水龙头，可抽拉式水龙头的使用更加便捷。

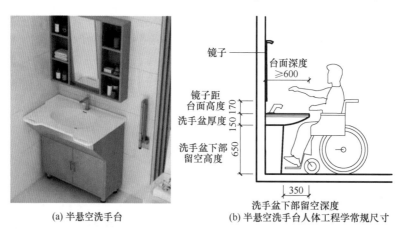

(a) 半悬空洗手台

(b) 半悬空洗手台人体工程学常规尺寸

图 3-1-19　半悬空洗手台设计

（4）卫生间洗浴区设计

相较于浴缸，淋浴更适合老年人使用。一方面，浴缸在使用时容易发生滑倒等意外，存在安全隐患；另一方面，老年人免疫力低下，使用淋浴更加卫生。洗浴区建议选用加设助浴椅和扶手的淋浴或坐式淋浴器，分别如图 3-1-20 和图 3-1-21 所示。其中，固定式的助浴椅比可移动式的助浴椅安全系数更高，在洗浴区设置牢固的抓杆和竖向扶手，并在淋浴区预留足够空间，从而为护理人员提供工作空间。对于更习惯使用浴缸的家庭，可以选择侧边开门式浴缸（图 3-1-22），方便老年人进出。

图 3-1-20　加设助浴椅和扶手的淋浴

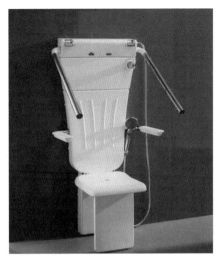

图 3-1-21　坐式淋浴器

图 3-1-22　侧边开门式浴缸

6. 餐厨空间适老化设计

餐厨空间作为家居重要功能区域之一，其设计重点是让老年人能够独立安全地进行活动，从而建立其自主生活的信心。从老年人的视角出发，通过有针对性的设计和改造，使餐厨空间更加契合老年人的诉求，从而创造出更加适合老年人的生活空间。

（1）餐厨空间动线设计

厨房的操作动线一般为取菜—择菜—洗菜—切菜—炒菜—摆盘端出，在厨房布局中应充分考虑动线流畅，保证老年人使用时方便、安全。一般 L 形或 U 形厨房布局更适合老年人，这类布局的操作台面长而连续，能够便于轮椅出入和推移物品。

在空间允许的情况下，餐厨空间也要保证具有足够的空间，满足两人错位通行或轮椅通行宽度。橱柜操作台前应至少预留 900mm 活动空间，既方便老年人下蹲取物，也为乘坐轮椅的老年人留有宽松的通行范围。

（2）家具适老化设计

在餐厨空间家具的适老化设计中，橱柜地柜的设计尤为关键。市面上比较认可的柜台适宜高度为身高÷2+（50~100）（mm），而老年人使用的橱柜不宜过高。相关数据显示，我国 65 岁以上男性平均身高为 1620mm，女性平均身高为 1520mm。对于适于老年人使用的厨房而言，橱柜应预留坐姿使用空间（图 3-1-23），操作台下部留空高度不小于 650mm。若为腿脚不便需要坐轮椅的老年人设计，可设置可升降台面（图 3-1-24），操作台适宜高度为使用者腿部情况高度+180（mm），通常为 730~850mm。

图 3-1-23　橱柜预留坐姿使用空间

图 3-1-24　可升降台面

灶具、水池两侧须留出 200mm 以上空间，以便于操作及摆放常用物品。灶具不宜紧挨水池摆放，水池与灶具至少间隔 450mm 以上，最好在 600~800mm，这样既能避免迸溅的风险，还能方便操作，又可以摆放物品。此外，灶具及水池前可设置扶手，从而便于坐姿时通过扶手借力靠近操作台，同时也为老年人起身时提供助力。

厨房在使用过程中容易溅水，从而造成地面湿滑。一方面，在地面铺装时应采用防滑材质；另一方面，可以在橱柜台面上设计防水沿，阻挡水流至地面，降低老年人跌倒风险。

对于橱柜上柜设计，一般而言，适宜高度为 400~1600mm。为了最大限度地利用这部分空间，可以在上柜下方增加中部柜或中部架，方便老年人取放物品。吊柜宜采用拉篮设计，不仅安全、操作方便省力，而且增加了空间利用率。中部架设计如图 3-1-25 所示，中部柜设计常规尺寸如图 3-1-26 所示。

图 3-1-25　中部架设计

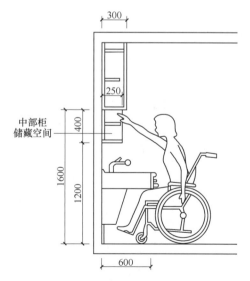

图 3-1-26　中部柜设计常规尺寸

（3）餐厨空间适老化设施、设备设计

一方面，厨房照明不足很容易造成磕伤或切伤，建议在水槽、切菜区、烹饪区上方和吊柜底部补充局部照明，消除阴影。这些照明设备最好用黄色的暖光灯，其光线柔和而不刺眼。

另一方面，鉴于老年人可能因健忘而引发安全事故，可以在厨房安装智能浸水报警器、烟感报警器、可燃气体报警器，确保厨房安全。

三、老年公寓设计思路

1. 用户特征调研分析

一方面，应充分调研用户生理、心理需求；另一方面，应对其身体状况和自理能力进行科学评估，以便于从空间布局、动线设计、材质选用、家具与设备选择、软装搭配、照明与暖通系统设计等多个方面进行居住空间的适老化设计。

2. 优化空间布局

应结合项目场地状况及老年人的实际需求布置功能区，关注老年人对社交、功能性空间的需求，结合年龄段以及兴趣爱好等酌情设置阅读区、运动区等，满足老年人对于自身价值以及人际交往的个性化需求。

3. 注重适老化空间尺度

老年群体的人体工程学标准与成年群体有较大的区别，在空间设计上应格外关注。对于有轮椅通行需求的空间，要满足无障碍设计要求，适当调整家具的尺寸和摆放位置，使各个空间在设计尺度方面满足老年群体的安全性、舒适性需求。

4. 科学应用适老化家具及设备

适老化住宅空间设计时应考虑设置合理性以及人文关怀性。在室内空间中，应保证家具材料绿色、生态、无污染，外形圆润无棱角，并且配置扶手、座凳、报警装置、呼救器、感应灯等必要设备，为老年人提供安全保障。同时，可以结合客户生活习惯，提供更便捷、更舒适、更高效的设计建议，融入新技术、新材料、新工艺、新设备，在有限的空间内创造无限的可能性。

5. 融入可持续理念

在适老化老年公寓住宅设计中，需要融入可持续理念。不仅应在设计、实施过程中融入节能、环保、高效的理念，还应进行灵活设计，为老年人未来生活提供预留空间，做好前瞻化设计。

项目概况：

（1）A 户型项目概况

客户为男性，60 岁，退休独居，身体健康，无行动不便之处，喜欢看电视、下棋，希望居室有足够的收纳空间，喜欢清新淡雅的色彩，装修预算大约为 10 万元（包括家具、家电费用）。

老年公寓室内
设计实训

老年公寓 A 户型
项目图纸

（2）B 户型项目概况

客户为一对 63 岁的夫妻，丈夫因病腿部行动缓慢，老夫妻喜欢阅读，爱好书法，喜欢中式风格，女儿一家偶尔回来居住，装修预算大约为 20 万元（包括家具、家电费用）。

老年公寓 B 户型
项目图纸

实训目标：

① 熟悉住宅室内设计、老年人居住建筑设计、无障碍设计等相关规范。

② 掌握对客户及场地调研、分析的方法。

③ 依据客户需求，掌握空间布局方法。

④ 掌握设计风格、色彩与材质的选择方法。

⑤ 结合客户的要求，掌握室内设计创作方法。

⑥ 掌握手绘、计算机制图等设计表现的方法。

⑦ 掌握规范绘制室内装饰施工图的方法。

实训内容：

（1）前期准备

对接客户，开展现场踏查与测量工作，收集信息，关注适老化设计要求，完成项目任务书。项目任务书可参考表 1-2-3。

（2）方案设计

① 确定设计方向。结合前期准备阶段成果，抓住主要信息作为设计定位依据，综合客户需求、场地实际情况进行设计风格与理念定位。

② 确定设计方案。将设计风格与理念定位、适老化设计贯穿于方案设计之中，确定解决技术问题的方案，如适老化空间布局方案、功能分区方案、动线组织方案、家具设施布置以及顶棚等界面设计、照明设计、色彩配置设计等内容。

③ 收集主材及产品资料。结合需求遴选主材、家具和配饰产品。

（3）施工图设计

进一步完成平面图、立面图、顶棚图、剖面图等施工图的绘制，依据标准图集绘制通用节点图。

实训要求：

设计图纸要求如本项目任务一中表 3-1-2 所示。

任务评价

实训评价标准如表3-1-6所示。

表3-1-6 实训评价标准

序号	评价项目	评价内容		分值	评价标准
1	前期准备	项目任务书	前期调研充分,能够完成项目任务书编制,融入以人为本、适老化设计理念	5分	各项内容每出现一处不完整、不准确、不得当处,扣0.5分,扣完为止
		量房成果	对场地内外环境进行勘测、踏查,能够详细记录现场状况,绘制空间基本尺寸、细部尺寸	5分	
2	方案设计	设计草图	整体功能布局合理,流线顺畅、图面整洁;制图标准、规范,画面整体效果得当,能初步表现设计创意;装饰界面设计与位置符合整体方案设计效果,符合设计元素及思路;推导过程准确表达设计创意、主题设计、创新亮点;整幅图纸构图合理、具有设计感、色调和谐,造型统一并富有变化	10分	布局功能出现明显错误,扣5分;各项内容每出现一处不完整、不准确、不得当处,扣0.5分,扣完为止
		主题配色、意向图	基于客户喜好,主题配色选择适宜,符合设计审美原则;意向图能够较好诠释设计理念及设计意图,且具有时代性和前沿性	5分	各项内容每出现一处不完整、不准确、不得当处,扣0.5分,扣完为止
		效果图	整体方案紧扣适老化设计主题;模型创建完整、准确、精细,并与整体设计方案相对应;能在图中体现模块一中的设计元素及装饰图形,并将其表现在效果图中;能借助提供的贴图素材准确表现设计方案中所使用的材质;合理设置照明及灯光,效果图光线合理、曝光合适、清晰美观;空间形体的结构、转折关系明确,家具以及空间装饰的造型、轮廓、体量关系表达清晰;导出完整的、符合像素要求的效果图	20分	
3	施工图设计	封皮、目录及设计说明、主材清单	设计依据合理、符合规范表达要求;主题表现阐述清晰、准确,语言简洁;设计构思体现主题,设计逻辑清晰合理;设计创新亮点准确表达,与设计内容、形式相符;材料表列项包括序号、材料编号、材料名称、材料规格、防火等级、特征描述、使用部位、备注等内容;材料编号与材料名称对应且符合规范要求;材料规格准确且符合市场实际尺寸规格;材料防火等级正确且符合空间实际使用需求规范;材料使用部位描述准确、完整	5分	各项内容每出现一处不完整、不准确、不得当处,扣0.5分,扣完为止

续表

序号	评价项目	评价内容		分值	评价标准
3	施工图设计	原始平面图		5分	各项内容每出现一处不完整、不准确、不得当处，扣0.5分，扣完为止
		平面布置图、地面铺装图、家具尺寸图等	图幅、比例选择合理；尺寸、文字注释合适；家具陈设尺度合理，符合人体工程学要求；图签、索引表达准确；图层设置合理，线型比例合适，线宽输出符合制图标准	10分	
		顶棚布置图	顶面造型表达准确；尺寸、注释、比例准确；材料、灯具表达清晰；图案填充比例合适；图层设置合理，线型比例合适，线宽输出符合制图标准	10分	
		立面图	图幅、比例选择合理；尺寸、文字注释合适；界面设计合理，材料选用准确；图签、索引表达准确；图层设置合理，线型比例合适，线宽输出符合制图标准	10分	
		剖面图、详图	所绘设计内容及形式应与方案设计图相符；构造节点应能绘制出平面图、顶棚图等须进行特殊表达的部位，应标识剖切部位的装饰装修构造各组成部分之间的关系；进行尺寸标注及注释，包括建筑尺寸、构造及定位尺寸、详细造型尺寸，注释装饰材料的种类、图名比例等；符号绘制准确，如轴线、标高符号等；图纸比例、图幅设置合理，符合制图规范；填充图例说明准确；图层设置合理，线型比例合适，线宽输出符合制图标准	5分	
4	基本素质	职业素养	能够按照进程完成项目任务，学习态度端正，能够主动探索专业知识及专业技能；能够进行设计汇报，逻辑清晰，语言表达流畅；能够严格遵守相关实习、实训纪律，规范作业，安全操作	5分	各项内容每出现一处不完整、不准确、不得当处，扣1分，扣完为止
		团队协作	能够团队互助，协作完成工作任务，具有良好的沟通表达能力	5分	
总计				100分	

项目二　单元式住宅室内设计

项目介绍 单元式住宅又称为梯间式住宅，是目前我国多层、高层住宅中应用最广的一种住宅形式。通过本项目的学习，培养严谨的工作作风，具备以人为本的设计意识，让设计作品体现人文关怀；能够完成单元式住宅项目设计；培养探究学习、分析及解决问题的能力，以及较强的审美与空间想象能力。

相关知识

一、单元式住宅概念

单元式住宅由多个住宅单元组合而成，每个单元均设有楼梯或同时设有楼梯与电梯，如图 3-2-1 所示。

相较于公寓式住宅，单元式住宅可以容纳更多的住户。这类住宅一般每层楼面有一个楼梯，可为 2~4 户提供服务（大进深住宅每层一梯可服务 5~8 户），住户由楼梯平台进入分户门。不论是一梯两户、三户还是更多，每个楼梯的控制面积称为一个居住单位。

(a) 单元式住宅效果图

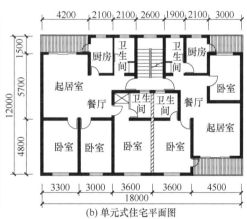
(b) 单元式住宅平面图

图 3-2-1　单元式住宅

二、单元式住宅特征

1. 布局设计

单元式住宅每层楼以楼梯为中心,通常只安排少数几户,能够保持每户居民的私密性,使得各家各户自成一体。

2. 公共空间

单元式住宅通常会保留一些公共使用面积,如楼梯、过道和垃圾道,这些共享空间为邻里之间提供了交往的空间,有助于增进人际关系的和谐。

3. 生活设施

单元式住宅单元内的住户生活设施齐全,能够减少不同住户间的相互干扰,并且能够适应不同的气候条件。

4. 标准化生产

单元式住宅可以采用工业化生产方式,即进行标准化的设计和制造。这种生产模式不仅能够降低建筑成本,还能减少资源浪费,同时也便于用户根据自己的需求选择合适的住宅。

5. 安全性

单元式住宅每个单元都配备了门铃和出入口,这种设计增加了住宅的安全性,有利于保护居民的生活安全。

6. 经济性

由于单元式住宅可以进行规模化生产和物业管理,其造价相对经济合理,适合大规模的建设和发展。

三、单元式住宅常见户型

常见的单元式住宅房屋面积一般为 $60 \sim 200 m^2$,户型有两居室、三居室、多居室等。各居室中包括起居室、卧室、书房、玄关、厨房、餐厅、卫生间、阳台等。

单元式住宅
户型图

任务一　中户型单元式住宅设计实训

• **学习目标**

1. 素质目标：培养严谨的工作作风，具备对综合项目进行设计和思考的能力。

2. 知识目标：了解单元式住宅的相关概念；熟悉设计师的工作内容和工作过程；掌握中户型单元式住宅设计的方法和技巧。

3. 能力目标：能够对单元式住宅室内设计项目进行完整的过程分析；能够结合住宅室内设计需要的理论知识、专业技能和职业素养，对不同居住群体的住宅使用需求进行两室一厅、两室两厅等户型设计。

• **教学重点**

单元式住宅特点；中户型单元式住宅设计要点。

• **教学难点**

中户型单元式住宅方案设计及施工图绘制。

• **任务导入**

中户型单元式住宅是较为广泛的一种住宅形式，如图 3-2-2 所示。本任务根据提供的项目原始平面图，进行中户型单元式住宅方案设计。分析不同中户型单元式住宅项目的基本情况，考虑客户家庭成员结构、生活习惯、风格喜好等因素，对房屋进行合理规划及实用性设计，按照岗位工作流程内容及要求完成中户型单元式住宅项目设计。

本项目位于黑龙江省哈尔滨市南岗区某小区，分为 A、B 两种户型。其中，A 户型为两室两厅；B 户型为两室一厅。要求从两个户型中选择一个进行中户型单元式住宅全套方案设计，另外一个户型可作为拓展任务完成。应综合考虑其功能设计、风格定位、界面、材料、色彩、照明等内容。起居室、卧室、厨房、卫浴等功能空间设计，应重点考虑客户需求，做出令客户满意、符合需求的设计作品。

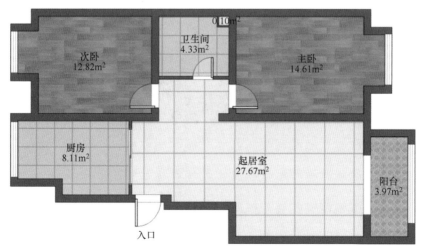

图 3-2-2　中户型单元式住宅

一、中户型单元式住宅设计要点

中户型单元式住宅
设计要点

1. 风格色调

中户型单元式住宅面积不是很大，应尽量选择明亮的浅色调进行墙面装饰，如

图 3-2-3 所示。此类色调给人一种空间变大的视觉效果，从而增强房屋整体的美观性。相反，如果使用深色调则会很容易造成空间的压抑感。在设计风格上，中户型单元式住宅多适合选用简洁大气的现代简约风格、朴素雅致的新中式风格等。

2. 空间规划

中户型空间较为有限，但其居住人口往往在三人以上，且具有一屋多用的特点。因此，合理的空间布局显得尤为重要。

图 3-2-3　浅色调墙面装饰

中户型设计尽量以实用性为主，起居室设计须合理布局，应注重整体的简洁性，可以通过柔软的材料和独特的风格突出个性，如图 3-2-4 所示；卧室设计则应以简约为主，不要有太多装饰品，保证室内舒适、温馨；厨房设计应充分利用空间，可以将其打造成开放式厨房，使厨房看起来更加宽敞；儿童房或书房设计也要合理利用空间，可以搭配一些小物品进行点缀，使空间更加童趣。

图 3-2-4　起居室合理布局

3. 建材家具

中户型单元式住宅多为简约设计风格，在装饰材料的选用上不应过于繁杂。受空间面积的限制，可以局部采用玻璃、不锈钢、镜面等材料，适当地安装在墙体上，通过光的折射增加室内的空间感，调节室内的高度，有效缓解空间拥挤的心理感受。墙面装饰材料可

选择符合环保标准的乳胶漆、壁纸等，如图 3-2-5 所示，这种材料性价比高，并且易于打理。对于室内地面装饰材料，地板相较于地砖触感温和，而地砖则更为耐磨并且容易打扫，但地砖表面触感比较冰冷，难以符合居室空间温馨舒适的氛围。因此，卧室、起居室地面材料一般选择结实耐用的实木强化地板和强化复合地板，厨卫空间则可以选用防滑瓷砖，如图 3-2-6 所示。顶面材料与人体一般不会直接接触，应尽量选择质量轻且色彩明亮的材料，以避免造成空间压抑感。

(a) 乳胶漆

(b) 壁纸

图 3-2-5　墙面装饰材料

(a) 地板

(b) 瓷砖

图 3-2-6　地面装饰材料

中户型单元式住宅中不应选择超大家具，而要遵循"宁小勿大"的原则。同时，应考虑家具的储物功能，多配置一些多功能家具，如折叠凳、沙发床、伸缩餐桌等，从而节省空间，增强实用性。如今，越来越多的定制家具也深受中户型业主的欢迎。如

图 3-2-7 所示，全屋定制家具可以更好地结合户型结构特点进行设计，最大化地利用现有空间。

图 3-2-7　全屋定制家具

二、中户型单元式住宅设计技巧

1. 功能空间齐全，房间布局合理

随着社会的不断进步以及人们生活质量的不断提高，居住空间的组织方式也更加多变，其形成的空间在形态、层次上日趋多样，空间视觉观感也日渐丰富多彩，复合性、流动的空间形态取代了单一、呆板的空间形态。无论是水平方向，还是垂直方向，居住空间形态都在不断丰富，二者往往相互结合以产生更加动人的空间。功能的多样化为空间的组织手法提供了变化的余地，使得空间的布局更加合理、功能更加齐全。

2. 材料绿色环保，风格简约实用

选择装饰材料时，首先应了解相关的环保标志，如"绿色建筑认证""低 VOC"和"FSC 认证"等标志，它们不仅代表着产品符合环保标准，还为我们提供了环保材料的选择指南。除考虑环保性外，还要关注实用性和美观性，结合居住者喜好和住宅设计风格，打造出绿色、舒适的住宅环境。

3. 根据年龄结构，考虑家具尺度

三口之家的家庭结构占据了大多数中户型单元式住宅居住群体。孩子从出生到成人，其成长过程中各方面均存在变化。因此，在儿童房设计时，要选用一些能够随时更换的家具，在软装上下功夫，打破传统中户型单元式住宅的格局，一个可变的空间可以满足不同年龄段孩子的核心需求。

4. 融入智能家居，方便生活方式

在家居设计中融入智能家居技术，能够显著提升生活的便利性和舒适度。随着智能家居技术的不断发展，未来的家居生活将变得更加智能和高效，在设计时也应考虑智能家居的集成，创造出一个功能丰富的现代居住环境，从而提升居住者的生活品质和家居体验。

三、中户型单元式住宅设计案例解析

本案例是对中户型单元式住宅室内设计项目的完整分析。它综合了单元式住宅室内设计需要的理论知识、专业技能和职业素养，重点在于提供一些可操作性的设计流程和思考。

1. 项目介绍

本案例位于某小区，建筑面积为 $86.65m^2$，为两室一厅的住宅。

2. 前期准备

接受业主委托后，应与其进行详细的沟通。深入了解每位家庭成员的喜好、生活习惯以及他们对风格、色彩的偏好等，进而整合这些条件，制订设计方案。此外，还应对整个家庭的聚集活动做到心中有数，如集体用餐时间、周末安排、待客次数、集体娱乐等，如表 3-2-1 所示，可以根据这些活动更好地规划起居室和餐厅等公共区域。

表 3-2-1 家庭成员活动表

用餐		
名称	时间	参与人数
早餐	周一至周五	2人
	周六、周日	3人
午餐	周一至周五	0人
	周六、周日	3人
晚餐	周一至周五	2人
	周六、周日	3人

聚会			
时间	参与人数	活动内容	时长
周一至周五	2人	聊天、看电视、休闲	晚饭后至睡前
周六、周日	3~7人	聚会用餐、游玩、聊天、娱乐活动	时长不固定，但周末必有一次全家聚会

待客			
时间	频率	活动内容	时长
周末或节假日	每月 1~2 次	聚餐或餐后娱乐活动	半天或一天

（1）业主情况

本项目家庭结构构成为三口之家，业主刘先生夫妻二人，有一个19岁的女儿，父母健在，均为本地人，常往来走动。刘先生是大学本科学历，有一定的文化修养，为人低调，做事认真负责，勤于学习；刘先生的妻子是典型的东方女性，对生活质量有很高的要求，喜欢做饭，对厨卫空间的功能要求实用且贴近生活；夫妻二人均对传统的设计元素比较喜爱；刘先生的女儿目前是一名本地大学的学生，周末有时会回家，性格活泼，有钢琴特长，喜欢卡通可爱的设计风格。

（2）业主分析

针对刘先生家庭成员的需求情况，应考虑如下问题：

① 刘先生夫妇有良好的生活习惯，并对生活品质有较高的要求。

② 刘先生家的设计定位应该简单实用，并具有一定的古典风格。

③ 刘先生的女儿已成年，应将她的个人喜好及审美列入考虑范围。

④ 刘先生的父母均为本地居民，因此不用考虑客房问题。

⑤ 本项目设计应以创造和谐整体的居住环境为目的。

有效获取并分析整理客户需求的手段多种多样，通常包括访谈、问卷调查、实景拍照等方式。通过有效结合方案深入研究客户的基本信息，了解客户的关注点，明确并提炼出他们对于室内装修设计的需求点，从而全方位完善设计成果。

3. 现场勘测

（1）测量房屋

进入项目现场测量房屋，根据现场情况进行详细的尺寸标注，绘制户型草图，同时配以现场照片，便于后期设计。房屋现场照片如图3-2-8所示，现场测量草图如图3-2-9所示。

图 3-2-8　房屋现场照片

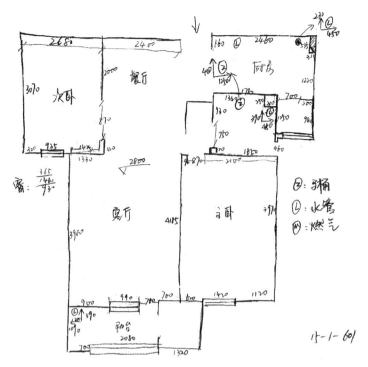

图 3-2-9　现场测量草图

（2）土建基本情况分析

通过实地勘验并结合售楼处提供的图纸进行分析得知，该户型空间为框架结构，户型布局基本合理，但局部功能需要进行调整。原建筑户型未完全满足业主的生活需求，应在空间组织、尺度运用等方面进行调整，从而更好地将设计与使用功能密切结合。

（3）资料整理编写

现场调查结束后，应将收集的资料进行整理研究，编写家居室内设计现场勘查表和家庭成员调查表，分别如表 3-2-2 和表 3-2-3 所示。

表 3-2-2　　　　　　　　　　　家居室内设计现场勘查表

日期：＿＿＿＿＿＿＿　　　　　　　设计师：＿＿＿＿＿＿＿＿＿

客户姓名：＿＿＿＿＿＿＿（□女士□先生）地址：＿＿＿＿＿＿＿＿

户型：□平层　□复式　□错层　□联排别墅　□独栋别墅　□自建房　□其他

计划投资：（□含主材）＿＿＿＿＿万元　　建筑面积：＿＿＿＿使用面积：＿＿＿＿

风格定位：　　　　　　　计划装修时间：

一、量房用具

量房尺、笔（红色、黑色各一支）、数码相机、量房本、折叠椅（2 把）

二、首要观察内容

1. 房屋原结构：□砖砼结构　□框架结构

2. 房屋原结构是否存在缺陷：□否　□是（如墙体开裂、平整度问题、顶面漏水等）

（1）位置：＿＿＿＿＿参考意见：＿＿＿＿＿＿＿＿＿＿＿＿＿＿＿＿

（2）位置：＿＿＿＿＿参考意见：＿＿＿＿＿＿＿＿＿＿＿＿＿＿＿＿

（3）位置：＿＿＿＿＿参考意见：＿＿＿＿＿＿＿＿＿＿＿＿＿＿＿＿

3. 暖气是否需要改动：□否　□是　参考意见：＿＿＿＿＿＿＿＿＿＿＿

4. 煤气是否需要改动：□否　□是　参考意见：＿＿＿＿＿＿＿＿＿＿＿

续表

5. 采暖方式:□暖气 □煤气 □地暖 □中央空调 □其他

6. 是否已经安装中央空调:□否 □是

7. 厨房整体橱柜是否已安装:□否 □是

8. 阳台墙地砖是否已安装:□否 □是

9. 厨房是否已铺装砖和吊顶:□否 □是

吊顶材质:□PVC □非 PVC

10. 卫生间是否已铺装砖和吊顶:□否 □是

11. 其他:_____

三、与客户沟通内容

1. 隔墙是否需要拆除:□否 □是

2. 是否需要安装中央空调:□否 □是

3. 卫生间洁具是否需要拆改:□否 □是

4. 阳台、厨房、卫生间墙地砖是否需要拆改:□否 □是(局部)

5. 热水采用方式:□煤气热水器 □太阳能热水器 □电热水器(标明数量位置:_____
_____)

6. 分体空调是否需要打孔:□否 □是(预计打孔时间:_____)

7. 冰箱尺寸:_____ 摆放位置:_____ 是否有电源:□否 □是

8. 洗衣机尺寸:_____ 摆放位置:_____ □有上水 □有下水 □无上水 □无下水

9. 窗台栏杆是否要拆除:□否 □是

是否飘窗:□否 □是(注明厚度:_____)

10. 家庭常住人口:老年人_____人,中青年人_____人,(男/女)孩_____人,保姆_____
人,其他_____人

11. 阳台是否需要做保温处理:□否 □是

12. 客户已买(准备买)家具类型及尺寸:_____

13. 主要木作材质:_____ 漆面类型:_____

14. 电话线、网线是否需要增加:□否 □是

15. 有无安防系统:□有 □无

可视门铃是否需要改动:□否 □是

四、温馨提示客户内容

1. 原始结构有损坏的,开工前提醒物业维修

2. 需要做闭水试验的,要提前通知楼下业主

3. 空调打孔及时间确定

4. 窗户台面的安装及时间

5. 定制成品门安装的时间

6. 中央空调的安装时间,暖气拆改的时间

7. 主材(地砖、墙砖、地板)的订购时间

8. 灯具、五金、铝扣板的订购时间

9. 热水器的订购安装时间

10. 洁具、橱柜的订购安装时间

11. 其他

五、客户要求

起居室:_____

餐厅:_____

厨房:_____

客卫:_____

主卫:_____

主卧:_____

客卧:_____

书房:_____

阳台:_____

车库、庭院:_____

其他:_____

表 3-2-3　　　　　　　　　　　　　家庭成员调查表

成员/年龄	环境要求	生活习惯	风格、色彩喜好	其他要求
刘先生/47 岁	喜欢安静	早睡早起	传统风格	喜欢喝茶、下棋
刘夫人/46 岁	希望卧室可以在阳面	早睡早起	喜欢白色	喜欢简约的环境及泡澡、护肤
女儿/19 岁	无	入睡较晚	现代风、柔和色彩	练琴、学习空间

4. 设计构思

（1）整体设计构思

从业主方面来看，每个家庭成员各有特性，其爱好兴趣、工作情况、生活习惯等都有差异，因此更倾向设计成简约实用为主的风格，可考虑新中式风格、简约风格、混搭风格等。

首先，应进行设计定位。该项目的整体设计构思应从刘先生家人的自身特点入手，结合不同家庭成员对于空间的需求，将空间的整体风格定位为混搭风格。公共区域采用以白色系为主的简约风格，刘先生及其妻子的卧室采用新中式风格，女儿的卧室采用美式田园风格。作为传统中式家居风格的现代生活理念，通过提取传统家居的精华元素和生活符号进行合理的搭配、布局，在整体的家居设计中，既有中式家居的传统韵味，又符合了刘先生一家的生活特点，使古典与现代完美结合，传统与时尚并存。

其次，应进行功能划分。根据业主刘先生家庭成员的情况和实际生活需求，本项目功能分区如下：

① 起居室。起居室主要用于会客、起居、视听和通行。

② 主卧。主卧为主人房，可供睡眠和储藏。

③ 次卧。次卧为女儿房间，可供睡眠、学习和休息。

④ 厨房及餐厅。厨房及餐厅主要用于备餐、茶歇和就餐。

⑤ 阳台。阳台主要用于饮茶、休闲和晾晒。

⑥ 卫生间。卫生间主要用于洗漱、如厕和洗浴。

此外，还应考虑材料技术。选择耐久、质量可靠的环保材料，使用专业的施工队伍。

（2）设计表现

有了整体的设计构思与风格定位之后，应在业主的配合下，围绕风格定位的基本框架，采用与主体风格相符合的材料、色彩、家具、灯饰以及陈设等，充实、完善、表现空间。

5. 确定方案

确定方案时，应根据业主的实际情况进行创意设计，依据各空间功能绘制出平面草图和透视草图，使业主初步了解设计师的设计理念。

根据现场分析设计的方案草图，在功能上基本满足了刘先生一家的实际需要，在形式上紧紧把握了刘先生夫妻喜爱传统文化的风

总平面布局方案
草图、各功能
空间透视草图

格主线。设计师大胆地利用了现代的表现手法来体现中式设计元素，使整体空间既具有古典元素的稳重感，又具有现代元素的潮流感。同时，设计师对方案做了第二次调整：将起居室与阳台隔墙打通以增加起居室面积，将卫生间改为干湿分离，拆掉厨房阳台门以扩大阳台面积，使得室内空间更加开敞明亮，取得了良好的视觉效果。

6. 设计制图

（1）施工图

施工图

（2）效果图

效果图

7. 文本制作

文本是业主与设计方（设计公司）共同协商确定的结果，包括设计方案和其他商务条款，在双方签字认可后起到法律效应，同时也是施工过程中的依据。一个好的文本不仅彰显了设计方的工作态度，还能为后续工作起到良好的铺垫作用。

（1）文本封面
文本封面如图 3-2-10 所示，旨在直观展现项目内容。

（2）文本目录
文本目录如图 3-2-11 所示。

图 3-2-10　文本封面　　　　　　　图 3-2-11　文本目录

（3）文本内容

文本应包括以下内容：

① 设计说明。

② 施工图。

③ 效果图。

④ 工期进度表（图3-2-12）。

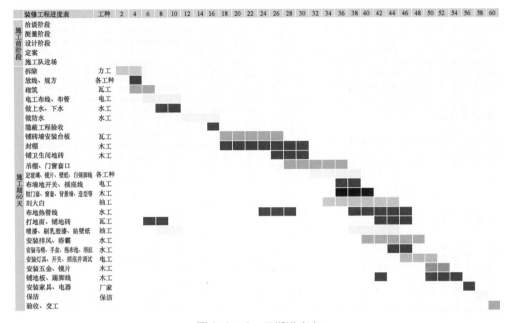

图3-2-12 工期进度表

⑤ 预算表（略）。

⑥ 合同（略）。

8. 设计实施及工程交付

设计完成后应交付业主，后期任务即施工现场跟进。当工程结束时，设计师应参与项目的分项验收和综合验收，包括提交竣工图、收取后期服务费、竣工后成果摄影、工作总结等。

中户型单元式住宅设计实训

项目概况：

（1）A户型项目概况

① 客户情况。青年夫妇，28岁，男主人是公务员，女主人是教师。

② 客户需求。有时在家工作，喜欢简洁、温馨的居住环境，要有衣帽间。

中户型单元式
住宅设计实训

中户型单元式住宅
A户型项目图纸

③ 客户预算。装修预算大约为 20 万元（包括家具、家电费用）。

④ 户型情况。该户型为典型的两室两厅住宅，户型结构合理，功能空间明确，采光较好，但举架高度略低。

（2）B 户型项目概况

① 客户情况。中年夫妇，平时两人居住，孩子在外读大学。

② 客户需求。喜欢实用、舒适、简洁的居住环境，不喜欢黑色、灰色。

中户型单元式住宅

③ 客户预算。装修预算大约为 20 万元（包括家具、家电费用）。

B 户型项目图纸

④ 户型情况。该户型为两室一厅住宅，户型合理，空间规整，厨房连接一个阳台，起居室也有一个阳台。

实训目标：

① 熟悉室内设计相关规范。

② 掌握对客户及场地调研、分析的方法。

③ 依据客户需求，掌握空间布局方法。

④ 掌握设计风格、色彩与材质的选择方法。

⑤ 结合客户的要求，掌握室内设计创作方法。

⑥ 掌握手绘、计算机制图等设计表现的方法。

⑦ 掌握规范绘制室内装饰施工图的方法。

实训内容：

（1）前期准备

对接客户，开展现场踏查与测量工作，收集信息，完成项目任务书。项目任务书可参考表 1-2-3。

（2）方案设计

① 确定设计方向。结合前期准备阶段成果，抓住主要信息作为设计定位依据，综合客户需求、场地实际情况进行设计风格与理念定位。

② 确定设计方案。将设计风格与理念定位贯穿于方案设计之中，确定解决技术问题的方案，如空间布局方案、功能分区方案、动线组织方案、家具设施布置以及顶棚等界面设计、照明设计、色彩配置设计等内容。

③ 收集主材及产品资料。结合需求遴选主材、家具和配饰产品。

（3）施工图设计

进一步完成平面图、立面图、剖面图等施工图的绘制，依据标准图集绘制通用节点图。

实训要求：

设计图纸要求如表 3-2-4 所示。

表 3-2-4　　　　　　　　　　　　　　　设计图纸要求

序号	设计文件		相关要求
1	量房成果		A3 尺寸量房草图及现场照片
2	设计草图		包括一张手绘室内平面布局草图,一张手绘体现主题元素的色彩界面草图,附创意推导过程
3	主题配色、意向图		主色、衬色、补色的色标;重点空间的设计意向图或设计案例
4	效果图		起居室、卧室、餐厅等主要空间的效果图,不少于 4 张
5	施工图	封皮、目录及设计说明	包括工程概况、设计依据、设计思路和主材清单等
6		原始平面图、拆改图	从给定的图纸中选一种户型,结合量房草图,利用 AutoCAD 软件绘制原始平面图及拆改图
7		平面布置图、地面铺装图等	包括空间尺寸、家具布置及主要家具名称、室内绿化与陈设,如地面有高差时应注明标高;绘图比例为 1:100
8		顶棚布置图	包括顶棚的灯具布置和灯具名称、顶棚造型基本尺寸、顶棚材质名称;顶棚图、灯具定位图应包括顶棚灯具间距的尺寸标注和顶棚标高;绘图比例为 1:100
9		开关布置图	包括全屋开关、插座位置及尺寸;绘图比例为 1:100
10		立面图、剖面图、详图、节点图等	起居室、餐厅、厨房、主卧、书房、卫生间各主要墙面的立面图,至少 8 张,标明尺寸及材质;比例自定;绘制出平面图、顶面图等需要进行特殊表达的部位,应标识剖切部位的装饰装修构造各组成部分之间的关系,注释建筑尺寸、构造及定位尺寸、详细造型尺寸;注释装饰材料的种类、图名比例等

📝 任务评价

实训评价标准如表 3-2-5 所示。

表 3-2-5　　　　　　　　　　　　　　　实训评价标准

序号	评价项目		评价内容	分值	评价标准
1	前期准备	项目任务书	前期调研充分,能够完成项目任务书编制,融入以人为本的设计理念	5 分	各项内容每出现一处不完整、不准确、不得当处,扣 0.5 分,扣完为止
		量房成果	对场地内外环境进行勘测、踏查,能够详细记录现场状况,绘制空间基本尺寸、细部尺寸	5 分	

续表

序号	评价项目	评价内容		分值	评价标准
2	方案设计	设计草图	整体功能布局合理,流线顺畅、图面整洁;制图标准、规范,画面整体效果得当,能初步表现设计创意;装饰界面设计与位置符合整体方案设计效果,符合设计元素及思路;推导过程准确表达设计创意、主题设计、创新亮点;整幅图纸构图合理,具有设计感、色调和谐,造型统一并富有变化	10分	布局功能出现明显错误,扣5分;各项内容每出现一处不完整、不准确、不得当处,扣0.5分,扣完为止
		主题配色、意向图	基于客户喜好,主题配色选择适宜,符合设计审美原则;意向图能够较好诠释设计理念及设计意图,且具有时代性和前沿性	5分	各项内容每出现一处不完整、不准确、不得当处,扣0.5分,扣完为止
		效果图	整体方案紧扣设计主题;模型创建完整、准确、精细,并与整体设计方案相对应;能在图中体现模块一中的设计元素及装饰图形,并将其表现在效果图中;能借助提供的贴图素材准确表现设计方案中所使用的材质;合理设置照明及灯光,效果图光线合理,曝光合适,清晰美观;空间形体的结构、转折关系明确,家具以及空间装饰的造型、轮廓、体量关系表达清晰;导出完整的、符合像素要求的效果图	20分	
3	施工图设计	封皮、目录及设计说明、主材清单	设计依据合理、符合规范表达要求;主题表现阐述清晰、准确,语言简洁;设计构思体现主题,设计逻辑清晰合理;设计创新亮点准确表达,与设计内容、形式相符;材料表列项包括序号、材料编号、材料名称、材料规格、防火等级、特征描述、使用部位、备注等内容;材料编号与材料名称对应且符合规范要求;材料规格准确且符合市场实际尺寸规格;材料防火等级正确且符合空间实际使用需求规范;材料使用部位描述准确、完整	5分	各项内容每出现一处不完整、不准确、不得当处,扣0.5分,扣完为止
		原始平面图	图幅、比例选择合理;尺寸、文字注释合适;家具陈设尺度合理,符合人体工程学要求;图签、索引表达准确;图层设置合理,线型比例合适,线宽输出符合制图标准	5分	
		平面布置图、地面铺装图等		10分	
		顶棚布置图	顶面造型表达准确;尺寸、注释、比例准确;材料、灯具表达清晰;图案填充比例合适;图层设置合理,线型比例合适,线宽输出符合制图标准	10分	
		开关布置图	开关、插座位置表达准确;尺寸、文字注释合适;界面设计合理,材料选用准确;图签、索引表达准确;图层设置合理,线型比例合适,线宽输出符合制图标准	10分	

续表

序号	评价项目		评价内容	分值	评价标准
3	施工图设计	立面图、剖面图、详图、节点图等	所绘设计内容及形式应与方案设计图相符;构造节点应能绘制出平面图、顶面图等需要进行特殊表达的部位,应标识剖切部位的装饰装修构造各组成部分之间的关系;进行尺寸标注及注释,包括建筑尺寸、构造及定位尺寸、详细造型尺寸;注释装饰材料的种类、图名比例等;符号绘制准确,如轴线、标高符号等;图纸比例、图幅设置合理,符合制图规范;填充图例说明准确;图层设置合理,线型比例合适,线宽输出符合制图标准	5分	各项内容每出现一处不完整、不准确、不得当处,扣0.5分,扣完为止
4	基本素质	职业素养	能够按照进程完成项目任务,学习态度端正,能够主动探索专业知识及专业技能;能够严格遵守相关实习、实训纪律,规范作业,安全操作	5分	各项内容每出现一处不完整、不准确、不得当处,扣1分,扣完为止
		团队协作	能够团队互助,协作完成工作任务,具有良好的沟通表达能力	5分	
总计				100分	

任务二 大户型单元式住宅设计实训

● **学习目标**

1. 素质目标:具有社会责任感和环保意识,具备设计师必备的知识能力和综合素质。

2. 知识目标:了解居住行为学、环境心理学在大户型单元式住宅室内设计中的应用;熟悉大户型单元式住宅项目设计方法;掌握大户型单元式住宅室内设计的功能分析、平面布局、空间组织等方面的必要知识。

3. 能力目标:能够在大户型单元式住宅室内设计中掌握完整的岗位工作内容、流程和方法;能够具备较好的设计能力和图纸表现能力;能够思考如何通过设计取得良好的社会效益和经济效益。

● **教学重点**

大户型单元式住宅室内设计的过程与方法。

● **教学难点**

施工图设计及项目汇报。

● **任务导入**

大户型单元式住宅相较于中户型单元式住宅空间功能更加丰富,能够满足多人居住的不同需求,在空间规划、功能划分、风格选择等方面可设计性更强。本任务分析大户型单元式住宅项目的基本情况，注意项目目标市场定位，确定目标客户群，分析目标客户的购房需求和生活习惯。应遵守国家和地方的建筑规范、消防等安全标准，并考虑空间布局、室内环境、智能化家居、节能环保等方面，进行合理、准确的设计定位。

本项目位于黑龙江省哈尔滨市道里区某小区，分为 A、B 两种户型。其中，A 户型为三室一厅；B 户型为四室两厅。要求从两个户型中选择一个进行大户型单元式住宅全套方案设计，另外一个户型可作为拓展任务完成。应考虑大户型单元式住宅的特点，结合客户情况和需求确定功能空间的类型、位置等，根据户型和客户情况进行空间规划、拆改等，注意设计风格的表现，体现以人为本的设计理念。

一、大户型单元式住宅特征

1. 空间宽裕

大户型单元式住宅多为三室以上平层户型，使用面积在 $90 \sim 200 m^2$。由于户型较大，大户型单元式住宅可以容纳更多的功能性区域，其设计更加完备，如独立的书房、衣帽间、多个卫生间、健身区域等，能够满足业主多样化的生活需求。

2. 私密性高

大户型单元式住宅每层安排的户数较少，为 2~4 户，私密性相对较好，各户自成一体，相互之间的干扰较小，为业主提供了安静的居住环境。在小区的规划设计上，大户型通常置于小区的中心位置，因此，大户型一般可享受更加安静适宜的小区环境。同时，户型的构架能充分做到宽敞、明亮、通透，动静分明。此外，受小区设施、所处区域、周边环境、交通、人文、生活便利状况等因素的影响，在居家氛围浓厚的住宅区中，大户型的升值空间高于传统的中小户型。

3. 改造性强

由于空间较大，大户型单元式住宅的改造性较强。业主可以根据自己的需求和喜好，对住宅的布局进行合理的个性化改造，创造出独特的居住空间。如将卧室改造成工作间或健身房；将阳台改造成洗衣房；将普通卫生间改造成干湿分离型卫生间等，从而使各空间更加符合业主的家庭生活方式。图 3-2-13 所示为卧室改造的健身房。

图 3-2-13 卧室改造的健身房

4. 居住需求

大户型单元式住宅因其功能齐全且空间宽敞，可以满足不同家庭结构的生活。对于有老年人和小孩的三代家庭，大户型单元式住宅提供了更为宽敞和舒适的居住空间，它可以容纳更多的卧室和起居室，满足家庭成员各自的生活需求，具备私密性的同时，也提供了足够的公共区域供家人交流和互动。对于注重生活品质、追求舒适和豪华居住体验的三口之家，大户型单元式住宅是一个理想的选择。这些住宅往往配备高品质的装修材料和家具家电，能够提供一流的居住环境和设施，满足家庭对高品质生活的追求。同时，大户型单元式住宅也适应一些特殊人群家庭，如需要在家中进行康复训练或需要特殊照顾的老年人，这种住宅可以提供更多的空间和便利性，能够进行个性化改造，设置专门的康复区域或照顾区域，以满足特定人群的生活需求。

二、大户型单元式住宅设计要点

大户型单元式
住宅设计要点

1. 空间规划

大户型单元式住宅往往具有足够的空间用于设计休闲区、娱乐区或工作区，以满足不同家庭成员的需求，并且能够很好地做出动静分区，如图 3-2-14 所示。动区主要包括起居室、餐厅、厨房等，是家庭成员活动较频繁的区域；静区则包括卧室、书房等，需要保持安静。设计时，应尽量减少两个区域的相互干扰，确保居住者能够享受到宁静的休息环境，在此基础上再根据家庭成员的特点和喜好设计每个空间。如果家庭成员中有老年人或儿童，他们的房间应尽量安排在朝阳、通风良好的位置。

2. 空间功能

（1）起居室

在大户型单元式住宅中，起居室是一个家庭的核心活动区域，也是空间规划的重要部分，其面积一般在 $20\sim40m^2$。家庭团聚、视听活动、会客接待等是起居室的核心功能，沙发通常位于起居室的几何中心。合理安排沙发、茶几和电视机的位置，形成流畅的动线，优先选用单边型或标准 3+2 型沙发布局。同时，起居室是联系户内各房间的交通枢纽，合理利用起居室，从而确保合理的交通流线十分重要。可以对原有建筑布局进行适当调整，如调整门的位置，使其尽量集中；还可以利用家具巧妙围合、分隔空间，以保持各自小空间的完整性，如将沙发靠着墙角围合起来。此外，起居室的设计也需要考虑细节，如为方便家庭成员的日常活动，应结合自然光与人工照明，选择合适的灯具，以营造不同的氛围，考虑设置局部聚光灯、背景灯等，增加空间层次感；墙面可适当挂画或摆放艺术

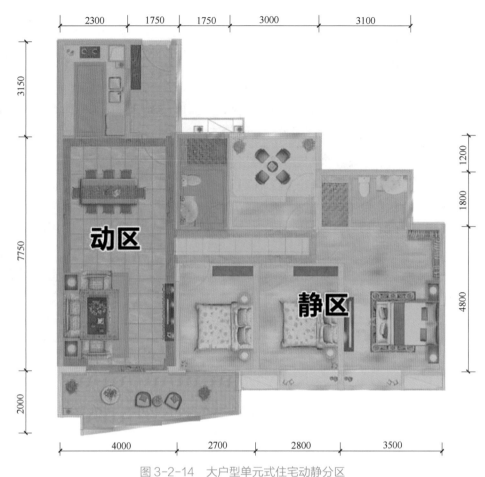

图 3-2-14　大户型单元式住宅动静分区

品，以增加文化气息，考虑设置展示柜或展示架，展示家庭成员的收藏品等。图 3-2-15 所示为大户型单元式住宅起居室常见布局。

图 3-2-15　大户型单元式住宅起居室常见布局

（2）卧室

大户型单元式住宅通常有三个以上卧室，卧室面积较大，不仅有睡眠区和储藏区，还兼具梳妆、书房、休闲等多个功能。

梳妆区如图 3-2-16 所示，通常指为女主人在主卧规划出的区域。按照空间的情况及个人喜好，梳妆台可选用活动式、嵌入式的家具形式。在居住条件允许的情况下，还可以结合梳妆区位置设置独立的更衣区。

储藏区如图 3-2-17 所示，它也是大户型单元式住宅卧室中的必备区域。其多以储藏衣物、被褥为主，嵌入式的壁柜系统是较为理想的选择，能够有利于加强卧室的储藏功能。同时，也可以根据实际需要，设置容量与功能较完善的其他储藏家具。

图 3-2-16　主卧配有梳妆区

图 3-2-17　卧室配有储藏区

现在的大户型单元式住宅内，主卧往往配有专用卫生间，如图 3-2-18 所示。这种卫生间的设计不仅保证了主人卫浴活动的隐蔽性，还为梳妆、更衣、储藏提供了便利。

休闲区如图 3-2-19 所示，是指在卧室内满足主人视听、阅读、思考等休闲活动的区域。布置休闲区时，可以根据业主的具体要求，选择适宜的空间区位，配以家具与必要的设备，如小型沙发、茶台、简易书架、视听设备等。

图 3-2-18　主卧配有专用卫生间

图 3-2-19　卧室配有休闲区

（3）书房

大户型单元式住宅的书房可分为与卧室并用的书房和家庭办公型书房两种，分别如图 3-2-20 和图 3-2-21 所示。与卧室并用的书房多用于有孩子的家庭，住宅中有一室是子女房并且孩子正处在学习阶段，为方便孩子学习，可将这个房间当作卧室兼书房。有些三室以上的大户型住宅会单独规划出一个房间，专门作为书房供家人学习或办公使用，称为家庭办公型书房。

图 3-2-20　与卧室并用的书房

图 3-2-21　家庭办公型书房

3. 设计风格

大户型单元式住宅设计风格可选性较多，但应注重整体风格的统一与协调，同时也要注重细节的处理，使每个空间都充满设计感。可以使用家庭成员喜欢的装饰品点缀空间，如壁画、雕塑等，以提升空间的内涵和美感，如图 3-2-22 所示；也可以利用灯光、色彩等元素营造温馨、舒适的居住氛围，如图 3-2-23 所示。

图 3-2-22　使用装饰品点缀空间

图 3-2-23　利用灯光、色彩等元素营造居住氛围

4. 智能系统

智能家居系统操作简便，功能实用，能够给家居生活提供便利。

（1）玄关智能家居布置

智能家居清单：智能门锁、智能猫眼、智能面板、人体感应器。

使用场景：智能开锁后，家里灯光、窗帘和新风系统自动打开，安防系统自动进入撤防状态；智能猫眼实时记录并保存门外的情况，保护家人安全；离家时感应到人体移动自动打开玄关灯，智能面板一键关闭预设好的电器设备。

（2）起居室智能家居布置

智能家居清单：智能照明系统、智能窗帘、智能语音控制系统、温湿度传感器、智能背景音乐系统、红外控制器。

使用场景：起居室灯光设置休闲、会客、影音等场景模式；餐厅可设置用餐、聚会、烛光晚餐等场景，根据不同场合调节室内灯光。语音控制室内电器产品，通过简单的语音控制室内设备，释放双手。温湿度传感器自动监测室内环境，并智能联动加湿器和空调自动工作。智能窗帘可以通过语音控制、智能开关控制或者手机 App 定时控制。

（3）卧室、书房智能家居布置

智能家居清单：智能语音、智能照明、智能背景音乐系统、智能插座、人体感应器、智能窗帘、红外控制器。

使用场景：智能语音控制灯光、插座、窗帘和电视；晚上感应到人体起床自动打开小夜灯；智能插座监测手机等设备充电情况，避免过量充电。

（4）厨房智能家居布置

智能家居清单：智能开关、智能插座、燃气泄漏探测器、燃气阀门、烟雾感应器、智能背景音乐系统。

使用场景：厨房的灯光比较简单，通过智能开关控制厨房的灯光，同时，开关连接到智能家居控制器，可以通过语音进行控制；做饭时也可以通过智能背景音乐系统听新闻或者音乐；在烟雾和燃气浓度超标时，燃气阀门机械手自动切断管道、打开窗户并发出报警音。

（5）卫浴智能家居布置

智能家居清单：智能开关、人体感应器、智能梳妆镜。

使用场景：自动感应人体打开卫浴灯光，可以设置离开卫浴房 30 秒后自动关闭灯光；智能梳妆镜可以看新闻、听音乐、控制其他家用电器。

（6）阳台智能家居布置

智能家居清单：智能晾衣架、风雨感应器、智能门磁、人体感应器。

使用场景：自动感应人体打开或关闭阳台灯；风雨感应器联动智能晾衣架自动升降，联动门窗智能关闭；主人可以通过手机 App 或者语音控制智能晾衣架风干、照明、消毒、升降等功能。

三、大户型单元式住宅设计技巧

大户型单元式
住宅设计技巧

1. 空间布局与功能分区

合理划分动区和静区，确保活动区域与休息区域互不干扰。动区应设置在便于活动和交流的位置，而静区则应设置在安静、私密的区域。每个空间的功能应明确，以满足家庭成员的不同需求。起居室作为家庭活动和会客的主要场所，而餐厅则用于日常用餐，同时也可以考虑设计多功能空间，以提高空间的利用率。

2. 人性化与舒适性

在设计过程中，应充分考虑大户型单元式住宅各居住者的生活习惯和需求。如果居住人数较多，应设计足够的储物空间、便捷的厨房操作台；如果仅为两人居住，可将多余卧室改造为独立衣帽间、健身间等。应注意通过精细化设计提高居住的舒适度，在卧室设计中，可以考虑设置双控开关，方便居住者在床头和门口都能控制灯光；家庭中若有老年人和儿童，在卫生间设计时可以安装扶手和防滑地砖，确保使用的安全性。

3. 美观性与风格统一

根据居住者的喜好和审美需求，确定整体设计风格，通过合理的色彩搭配和材质选择，营造温馨、舒适的居住氛围。

4. 可持续性与环保理念

在设计过程中，应充分考虑节能因素，选用环保性能好的建材和家具，减少室内污染，营造健康的居住环境。

5. 智能化与便利性

考虑引入智能家居系统，如智能照明、智能安防等，提高居住的便利性和安全性，确保每个空间都有良好的网络覆盖和通信设施，满足现代人对网络的需求。

四、大户型单元式住宅设计案例解析

大户型单元式住宅
设计案例分析

1. 一人居住的 132m² 大户型单元式住宅极简风设计案例

（1）设计思路

这是一套位于某小区 132m² 的三居室，平时业主一人居住。业主是一名从事 IT 行业的青年男士，在经过多方考量后，抛除了一些繁杂的线条和色彩，将纯白极简格调置入设计。以"白"为主体色，强调干净与简约，彰显个性。

（2）平面图设计

该户型厨房与生活阳台相通，拆除部分墙体并开放厨房，开阔入户视觉，实现公共空间 LDK 场景；解构主卧功能，增加衣帽区、梳妆区、均衡尺寸，呈现平衡开阔的舒适套房格局；拆除部分墙体，调整卫生间与储物间位置，根据使用需求调整原户型格局。

平面图

（3）玄关设计

从入户开始，玄关、餐厅、厨房形成联结又独立存在的功能区域。这种设计开阔了入户视觉边界，开放灵动的空间充分体现了空间无界的自由度，使人与人之间的交流变得随性、紧密，让归家的生活从这里开始感受每一寸家居仪式感。玄关效果图如图 3-2-24 所示。

（4）餐厅设计

拆除原始部分墙体，形成开放厨房，使原始采光不佳的空间变得通透开阔。以岛台+餐桌柔和划分空间，使其更具表现张力，并由此创造新的行为动线，通过材质、颜色、灯光的细微变化，制造出空间层次视觉，表现出块与块之间的轻盈体感。餐厅效果图如图 3-2-25 所示。

图 3-2-24　玄关效果图

图 3-2-25　餐厅效果图

（5）起居室设计

起居室摒弃了传统的茶几，挑选了自由组合的家具进行呈现，能够根据不同的人、心情、季节切换空间陈设方式，使得空间与空间之间表现出通透感；阳台融于起居室，进一步提升了空间的实用性；引入更多自然光线的同时，在两侧设计收纳柜，一侧将冰箱完美嵌入其中，电视墙延伸至另一侧，可放置日常家居物品。起居室效果图如图 3-2-26 所示。

（6）卧室设计

卧室墙面设计延续了外部空间的材质和颜色，能够令内心重获平和与宁静。设置简约的凹槽，安装灯条，呈现由下至上的漫反射光源，延伸空间层高，提升柔和的温馨氛围。卧室效果图如图 3-2-27 所示。

图 3-2-26　起居室效果图

图 3-2-27　卧室效果图

（7）书房设计

业主有工作与阅读等爱好需求，希望有独立的书房空间。设计时，最大化地利用可用空间，摒弃了传统规矩的书柜设计，改为悬挂定制柜+一字形书桌，解决了部分储物需求，也有了更充足的操作空间。书房效果图如图 3-2-28 所示。

（8）卫生间设计

卫生间设置了 L 形宽敞台面、智能梳妆镜、悬空浴室柜、双层隔断的收纳等。卫生间效果图如图 3-2-29 所示。

图 3-2-28　书房效果图

图 3-2-29　卫生间效果图

2. 双子女家庭的三室两厅设计案例

（1）设计思路

这是一套位于某小区 140m² 的三室两厅两卫，起初购买时仅有夫妇二人居住，如今十几年过去，二人已拥有两个可爱的孩子，一个是学龄前的儿子，一个是上小学的女儿。为照顾两位宝贝，双方父母偶尔过来小住，因此原始户型已经不能满足目前的居住条件，业主想将原始户型进行升级改造。针对多子女家庭，本设计案例注重空间的合理利用和功能性布局，旨在创造一个既满足孩子成长需求，又兼顾家长生活便利性的三室两厅住宅。通过巧妙的空间划分和人性化的设计细节，为家庭成员打造一个舒适、温馨的居住环境。

（2）户型布局设计

平面图如图 3-2-30 所示。将厨房改为开放式，生活阳台扩入厨房，增大操作及收纳空间；移动主卧的门，将原来的衣帽间改为 L 形超大衣柜，满足日常储物需求。

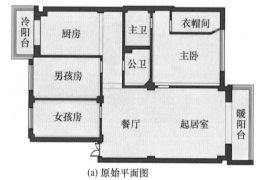

（a）原始平面图　　　　　　　　　　（b）平面布置图

图 3-2-30　平面图

（3）厨房、餐厅设计

改造前，厨房是一个较为封闭的空间，空间比较局促，缺乏充足的储物及操作空间。对此，拆掉了厨房与餐厅的隔墙，将其改为超大的 L 形开放式厨房，面积将近 $10m^2$，且配有双水槽和大岛台。这种厨房设计不仅在做家务时游刃有余，随着孩子的成长，还能变身为良好的亲子互动空间，在厨房享受烹饪的乐趣。厨房效果图如图 3-2-31 所示。

（4）玄关、起居室设计

业主的两个孩子十分活泼爱动，因此他们很重视家中的安全属性。将玄关、餐厅等空间的收纳空间都靠墙固定，所有墙面尽量减少壁饰。这样一来，无须担心由于孩子好动导致大型家具翻倒引起砸伤事故，同时也预留了足够宽敞、没有任何阻碍的通道和活动区，放心让孩子玩耍。不仅如此，为了给孩子创造更大的玩耍空间，起居室中也没有按照常规布局放置茶几，而是留出了足够大的空地。起居室效果图如图 3-2-32 所示。

图 3-2-31　厨房效果图　　　　图 3-2-32　起居室效果图

除利用家具布局保障孩子的安全外，在硬装设备上，也充分为孩子考虑，全屋铺贴了地暖，以确保温暖舒适。另外，孩子易受明亮光源吸引，长时间注视可能损伤视力，但光线过弱也会影响孩子的视力发展。因此，全屋采用了无主灯照明系统，避免亮度不均的情况，所有光源都十分柔和，很适合有小孩的家庭。无主灯照明系统如图 3-2-33 所示。

图 3-2-33　无主灯照明系统

（5）主卧设计

提升生活效率是主卧的设计核心。考虑到夫妻二人希望衣物分区的要求，将原来不足 $4m^2$ 的衣帽间改为超大 L 形衣柜，扩大了储物空间，提高了生活的便利性。在主卧阳台处规划了一处嵌入式书桌，后期还会在此处增添一两张单椅，给夫妻二人一个独处、交流的空间。主卧效果图如图3-2-34所示。

（6）儿童房设计

二孩家庭的室内设计方案，不仅要考虑居住的安全性，还要考虑给两个孩子单独的相处空间，让他们在交往的过程中学会和平相处，建立起深厚的感情。随着孩子的成长，原来暂时作为客房的次卧可改造为其中一个孩子的卧室，两个卧室的面积、形状、采光量和收纳空间几乎相同，不会造成厚此薄彼的情况，使孩子感受到

图3-2-34　主卧效果图

父母公平一致的爱。儿子房间放置双人床，夫妇双方父母来时，也可作为客房使用。儿童房效果图如图3-2-35所示。

（a）女儿房间学习区

（b）儿子房间睡眠区

图3-2-35　儿童房效果图

大户型单元式住宅设计实训

项目概况：

（1）A户型项目概况

① 客户情况。中年夫妇，男主人是企业高管，女主人是幼儿园教师，儿子16岁。

② 客户需求。父母经常来居住，喜欢温馨、个性的居住环境，想要有较多的储物空间。

③ 客户预算。装修预算大约为30万元（包括家具、家电费用）。

大户型单元式
住宅设计实训

大户型单元式住宅
A户型项目图纸

④ 户型情况。该户型为三室一厅住宅，应注意三室的具体功能，考虑空间特点和位

置，结合客户要求设置家具，注意风格、材料、色彩、照明等设计。

（2）B户型项目概况

① 客户情况。青年夫妇，男女主人都在医院工作，有一个3岁的女儿。

② 客户需求。平时父母会来居住，经常有亲朋好友来做客，有时会在家里工作，客户希望装修舒适并且具有个性。

大户型单元式住宅
B户型项目图纸

③ 客户预算。装修预算大约为30万元（包括家具、家电费用）。

④ 户型情况。该户型为四室两厅住宅，空间功能完整，根据客户特点和要求进行空间规划，注意每个功能空间的位置，考虑家具的种类和形式。

实训目标：

① 熟悉室内设计相关规范。

② 掌握对客户及场地调研、分析的方法。

③ 依据客户需求，掌握空间布局方法。

④ 掌握设计风格、色彩与材质的选择方法。

⑤ 结合客户的要求，掌握室内设计创作方法。

⑥ 掌握手绘、计算机制图等设计表现的方法。

⑦ 掌握规范绘制室内装饰施工图的方法。

实训内容：

（1）前期准备

对接客户，开展现场踏查与测量工作，收集客户信息，完成项目任务书。项目任务书可参考表1-2-3。

（2）方案设计

① 确定设计方向。结合前期准备阶段成果，抓住主要信息作为设计定位依据，综合客户需求、场地实际情况进行设计风格与理念定位。

② 确定设计方案。将设计风格与理念定位贯穿于方案设计之中，确定解决技术问题的方案，如空间布局方案、功能分区方案、动线组织方案、家具设施布置以及顶棚等界面设计、照明设计、色彩配置设计等内容。

③ 收集主材及产品资料。结合需求遴选主材、家具和配饰产品。

（3）施工图设计

进一步完成平面图、立面图、顶棚图、剖面图等施工图的绘制，依据标准图集绘制通用节点图。

实训要求：

设计图纸要求如表3-2-6所示。

表 3-2-6　　　　　　　　　　　　　　　设计图纸要求

序号	设计文件		具体要求
1	量房成果		A3 尺寸量房草图及现场照片
2	设计草图		包括一张手绘室内平面布局草图,一张手绘体现主题元素的色彩界面草图,附创意推导过程
3	主题配色、意向图		主色、衬色、补色的色标;重点空间的设计意向图或设计案例
4	效果图		起居室、卧室、餐厅等主要空间的效果图,不少于 4 张
5	施工图	封皮、目录及设计说明	包括工程概况、设计依据、设计思路和主材清单等
6		原始平面图	从给定的图纸中选一种户型,结合量房草图,利用 AutoCAD 软件绘制原始平面图
7		平面布置图、地面铺装图、家具尺寸图等	包括空间尺寸、家具布置及主要家具名称、室内绿化与陈设,如地面有高差时应注明标高;绘图比例为 1∶100
8		顶棚布置图	包括顶棚的灯具布置和灯具名称、顶棚造型基本尺寸、顶棚材质名称;顶棚图灯具定位图应包括顶棚灯具间距的尺寸标注和顶棚标高;绘图比例为 1∶100
9		立面图	起居室、餐厅、厨房、主卧、书房、卫生间各主要墙面的立面图,至少 8 张,标明尺寸及材质;比例自定
10		剖面图、详图	绘制出平面图、顶面图等需要进行特殊表达的部位,应标识剖切部位的装饰装修构造各组成部分之间的关系;注释建筑尺寸、构造及定位尺寸、详细造型尺寸;注释装饰材料的种类、图名比例等

📝 任务评价

实训评价标准如表 3-2-7 所示。

表 3-2-7　　　　　　　　　　　　　　　实训评价标准

序号	评价项目		评价内容	分值	评价标准
1	前期准备	项目任务书	前期调研充分,能够完成项目任务书编制,融入以人为本的设计理念	5 分	各项内容每出现一处不完整、不准确、不得当处,扣 0.5 分,扣完为止
		量房成果	对场地内外环境进行勘测、踏查,能够详细记录现场状况,绘制空间基本尺寸、细部尺寸	5 分	
2	方案设计	设计草图	整体功能布局合理,流线顺畅、图面整洁;制图标准、规范,画面整体效果得当,能初步表现设计创意;装饰界面设计与位置符合整体方案设计效果,符合设计元素及思路;推导过程准确表达设计创意、主题设计、创新亮点;整幅图纸构图合理、具有设计感,色调和谐,造型统一并富有变化	10 分	布局功能出现明显错误,扣 5 分;各项内容每出现一处不完整、不准确、不得当处,扣 0.5 分,扣完为止

続表

续表

序号	评价项目	评价内容		分值	评价标准
2	方案设计	主题配色、意向图	基于客户喜好,主题配色选择适宜,符合设计审美原则;意向图能够较好诠释设计理念及设计意图,且具有时代性和前沿性	5分	各项内容每出现一处不完整、不准确、不得当处,扣0.5分,扣完为止
		效果图	整体方案紧扣设计主题;模型创建完整、准确、精细并与整体设计方案相对应;能在图中体现模块一中的设计元素及装饰图形,并将其表现在效果图中;能借助提供的贴图素材准确表现设计方案中所使用的材质;合理设置照明及灯光,效果图光线合理、曝光合适,清晰美观;空间形体的结构、转折关系明确,家具以及空间装饰的造型、轮廓、体量关系表达清晰;导出完整的、符合像素要求的效果图	20分	
3	施工图设计	封皮、目录及设计说明、主材清单	设计依据合理、符合规范表达要求;主题表现阐述清晰、准确,语言简洁;设计构思体现主题,设计逻辑清晰合理;设计创新亮点准确表达,与设计内容、形式相符;材料表列项包括序号、材料编号、材料名称、材料规格、防火等级、特征描述、使用部位、备注等内容;材料编号与材料名称对应且符合规范要求;材料规格准确且符合市场实际尺寸规格;材料防火等级正确且符合空间实际使用需求规范;材料使用部位描述准确、完整	5分	各项内容每出现一处不完整、不准确、不得当处,扣0.5分,扣完为止
		原始平面图	图幅、比例选择合理;尺寸、文字注释合适;家具陈设尺度合理,符合人体工程学要求;图签、索引表达准确;图层设置合理,线型比例合适,线宽输出符合制图标准	5分	
		平面布置图、地面铺装图、家具尺寸图等		10分	
		顶棚布置图	顶面造型表达准确;尺寸、注释、比例准确;材料、灯具表达清晰;图案填充比例合适;图层设置合理,线型比例合适,线宽输出符合制图标准	10分	
		立面图	图幅、比例选择合理;尺寸、文字注释合适;界面设计合理,材料选用准确;图签、索引表达准确;图层设置合理,线型比例合适,线宽输出符合制图标准	10分	
		剖面图、详图	所绘设计内容及形式应与方案设计图相符;构造节点应能绘制出平面图、顶面图等需要进行特殊表达的部位,应标识剖切部位的装饰装修构造各组成部分之间的关系;进行尺寸标注及注释,包括建筑尺寸、构造及定位尺寸、详细造型尺寸;注释装饰材料的种类、图名比例等;符号应绘制准确,如轴线、标高符号等;图纸比例、图幅设置合理,符合制图规范;填充图例说明准确,图层设置合理,线型比例合适,线宽输出符合制图标准	5分	

续表

序号	评价项目	评价内容		分值	评价标准
4	基本素质	职业素养	能够按照进程完成项目任务,学习态度端正,能够主动探索专业知识及专业技能;能够严格遵守相关实习、实训纪律,规范作业,安全操作	5分	各项内容每出现一处不完整、不准确、不得当处,扣1分,扣完为止
		团队协作	能够团队互助,协作完成工作任务,具有良好的沟通表达能力	5分	
总计				100分	

项目三　独立式住宅室内设计

项目介绍 随着人们生活方式、居住观念、住房需求的改变，其焦点已从"有其屋"转变为"优其屋"，人们对居住文化、住房品质、景观环境、人文环境等方面的期望不断提高，住宅也从最初的居住场所变成了供人享受生活的私人空间。 因此，独立式住宅愈加受到人们的青睐。 同时，随着社会主义新农村建设的步伐不断加快，加大乡村景观的规划和设计成为建设新农村的热点问题。 为了适应新一代乡村居民生活方式变化发展需要，融入现代化的发展潮流，别墅式住宅室内设计越来越受到重视。

相关知识

一、独立式住宅的概念

独立式住宅是指独门独户的独栋住宅，包括较经济的小独栋和相对豪华的独栋。这种住宅的最大优点是"顶天立地"，有一个私人的天空和土地，居住质量相对较高，一般每个房间都能拥有良好的采光，户内能够实现自然通风，且户内基本上可以隔绝外界干扰，周围一般有或大或小的配套花园，社区内有较大的中心绿地，环境较好。独立式住宅如图 3-3-1 所示。

(a) 独立式住宅实景图　　　　　　　　　(b) 独立式住宅模型图

图 3-3-1　独立式住宅

二、别墅式住宅的分类

1. 按建筑形式分类

根据建筑形式的不同，别墅式住宅可以分为独栋别墅、双拼别墅、联排别墅、叠拼别墅和空中别墅。

（1）独栋别墅

独栋别墅即独门独院，上有独立空间，下有私家花园领地，是私密性的单体别墅。这种别墅表现为上下左右前后都属于独立空间，一般房屋周围都有面积不等的绿地和院落，如图 3-3-2 所示。独栋别墅历史较为悠久，私密性强，市场价格较高，也是别墅建筑的终极形式。

图 3-3-2　独栋别墅

（2）双拼别墅

双拼别墅是联排别墅与独栋别墅之间的中间产品，它是由两个单元的别墅拼联组成的单栋别墅，如图 3-3-3 所示。这种设计降低了社区密度，增加了住宅采光面，使其拥有了更宽阔的室外空间。双拼别墅通常为三面采光，外侧的居室通常会有两个以上的采光面，一般来说，其窗户较多，通风较好，有宽阔的室外空间。

（3）联排别墅

联排别墅有自己的院子和车库，由三个或三个以上的单元住宅组成，一排 2~4 层联结在一起，几个单元共用外墙，有统一的平面设计和独立的门户，如图 3-3-4 所示。联排别墅是大多数经济型别墅采取的形式之一。

图 3-3-3　双拼别墅

图 3-3-4　联排别墅

（4）叠拼别墅

叠拼别墅是联排别墅的叠拼式的一种延伸，介于别墅与公寓之间，由多层的别墅式复式住宅上下叠加组合而成，如图 3-3-5 所示。每单元 2~3 层的别墅户型上下叠加，这种开间与联排别墅相比，独立面造型更加丰富，同时在一定程度上克服了联排别墅进深较窄的缺点。

（5）空中别墅

空中别墅起源于美国，称为"空中阁楼"，原指位于城市中心地带、高层顶端的豪宅，如图 3-3-6 所示。空中别墅一般是指建在公寓或高层建筑顶端具有别墅形态的大型复式或跃式住宅。

图 3-3-5 叠拼别墅

图 3-3-6 空中别墅

2. 按建筑地理位置分类

根据建筑地理位置的不同,别墅式住宅可以分为城市别墅和乡村别墅。

（1）城市别墅

城市别墅位于城市中或者距离城市中心较近的城边,其产品形态是别墅,如图 3-3-7 所示。城市别墅聚合了城市和别墅的特质,成为城市新贵的专属。

（2）乡村别墅

乡村别墅是指在农村或者郊区建造的具有一定规模和品质的别墅式住宅,一般建造在风景区、山林等景色优美的地方,如图 3-3-8 所示。

图 3-3-7 城市别墅

图 3-3-8 乡村别墅

三、城市别墅和乡村别墅的区别

1. 价格

城市别墅通常比乡村别墅价格高。在城市购买别墅意味着更高的成本,包括地价、税费以及可能的装修费用。相比之下,乡村别墅的建设成本较低,因此价格更为亲民。

2. 环境

城市别墅一般位于市中心或者城市周边,人口密度较大,空气质量可能略差。相比之下,乡村别墅具有更好的自然环境、更大的空间和更好的空气质量。

3. 功能

城市别墅的设计更加现代化和高科技,能够提供多种娱乐和生活设施,如健身房、泳池等。乡村别墅更注重实用性和适应性,除了一些基本功能空间,可能还有其他副业生产的功能区。

4. 区位

城市别墅通常享有城市的便捷优势,如地铁线路、购物中心、文化活动场所等。相比之下,乡村别墅更适合追求宁静和隐私生活方式的人群。

任务一 城市别墅室内设计实训

● **学习目标**

1. 素质目标:具有较强的施工安全意识;具有一定的审美和人文素养;具有集体意识和团队合作精神;具有创新思维和创业精神。

2. 知识目标:了解独立式住宅的概念;熟悉城市别墅住宅的特点和类型;掌握城市别墅室内设计的方法、思路和技巧。

3. 能力目标:具有良好的语言、文字表达能力和沟通能力;具有较强的规范制图能力和效果图表现能力;具有城市别墅室内设计能力。

● **教学重点**

城市别墅室内设计的方法与技巧。

● **教学难点**

城市别墅项目设计实训。

● **任务导入**

本任务包含 A、B 两个户型,A 户型为地上两层、地下一层的别墅,B 户型为三层别墅。要求从两个户型中选择一个进行设计,另外一个户型可作为拓展任务完成。应分析不同类型的城市别墅项目的基本情况,考虑不同家庭结构、不同生活方式、不同需求的客户,注意人性化、适老化、精致化的设计,按照岗位工作流程并依据国家标准规范完成城市别墅室内设计。

一、城市别墅的概念

城市别墅不仅是一种建筑形式,更是一种生活形态。这种别墅具有完善的配套和发达的交通,能够方便业主的日常生活与往返出行。城市别墅所具有的特质及其所提供的人文环境，可以满足业主对于求学、医疗、购物等方面的需求。与城市豪宅相比，城市别墅享有更多的绿色与景观环境。

城市别墅兼具"城市"和"别墅"两种生活形态，它不仅能够带给人们一种更好的生活方式，还能带给人们更多的自由和空间。

二、城市别墅的特点

城市别墅通常位于城市中心或繁华商圈，具有地理位置优越、交通便利、基础设施完善和商业娱乐资源丰富等特点。其周边环境优美，通常拥有良好的社区氛围，较为安全和宁静。此外，城市别墅通常包括私家园林或庭院、独立的大门和庭院、地下室空间以及可能配备的汽车间和花棚等设施。这种别墅的购买人群通常更加注重工作和生活之间的便利性，他们希望生活方便，同时也享受别墅的居住体验。

1. 城市别墅的优点

（1）交通便利

城市别墅位于城市中心，通常拥有便捷的交通网络，缩短了通行时间，使居住者能够更加方便地前往工作地点或其他城市设施。

（2）配套齐全

城市别墅能够无缝对接主城区的配套设施，如教育、医疗、商业、交通和公园等，提供了更加丰富和便利的生活环境。

（3）空间开阔

城市别墅提供了宽敞的空间和较高的层高，适合进行个性化设计和多功能利用。

（4）隐私保护

城市别墅楼间距大、楼栋密度小，能够保持一定的私密性，物业管理也更为严格，有助于保护个人隐私。

（5）保值增值

城市别墅因其稀缺性和便利性，通常具有较高的投资价值，随着城市的发展，其价值可能会进一步增长。

（6）居住品质高

城市别墅往往配备高端的个人配套设施，如私家园林、私人泳池、桑拿房等，同时周边配套设施也较为完善，居住品质较高。

（7）生活氛围好

城市别墅小区通常包括高层、洋房等不同类型的住宅，生活氛围浓厚。

（8）物业管理优

城市别墅通常位于繁华地段，物业管理更加高效和专业，能够提供更加安全、舒适的生活环境。

2. 城市别墅的缺点

（1）噪声和拥挤

城市中心通常人流、车流较多，噪声和拥挤是其常态，对于追求安静氛围的人来说可能达不到要求。

（2）空间受限制

城市中心房产价格较高，别墅面积可能会受到限制，对于需要更多空间的家庭来说可能无法很好地满足需求。

三、城市别墅要素设计

1. 庭院设计

庭院是别墅特有的建筑特征，设计过程中，在考虑将其和谐融于自然的同时，还应关注主人个性化的元素。可通过多种植别墅主人偏爱的庭院观赏植物，或增添水景设计，或在庭院内添加桌椅等来体现主人的品位和个性化需求。

2. 室内设计

城市别墅室内环境的塑造应从整体入手，在满足安全性和私密性要求的前提下，室内的功能分区要满足使用者的需求，并应注意各区域和活动之间的关系。应考虑其总体设计风格，在设计主线明确的前提下，考虑色彩、材料、照明、家具、陈设等要素的应用。

3. 空间设计

相较于普通住宅空间的划分，城市别墅每个空间划分的侧重点有所不同。别墅空间的功能及衔接过渡更多的是体现别墅主人居住的品位与感受，而非全部以实用功能为主，这就需要与业主深入沟通，充分了解其需求和喜好，进而合理充分规划别墅空间。

4. 挑空设计

城市别墅的空间较大，起居室空间是室内重要的休闲场所，也是最突显设计风格的空间。因此，在设计上，应对起居室整体和局部进行把控。别墅的层高相较于普通住宅要高一些，一般起居室多为挑空设计，考虑增加辅助照明、墙面修饰等手法来丰富别墅住宅的空间层次感。

5. 楼梯设计

楼梯也是城市别墅设计中不可忽略的一个要素。除了楼梯本身，其栏杆、踢面、踏面的材质选择，楼梯的造型，灯光的处理等都需要进行考虑。

6. 露台设计

观景露台是城市别墅中必不可少的休闲空间，在露台上选择鹅卵石或木质台板进行铺设，再布置一些主人喜爱的花草，配以藤制座椅、茶几等，既能够满足实用性，还能增加美观性。

7. 景观设计

城市别墅宽敞的室内空间允许主人根据个人喜好营造一些切合其品位的室内景观，如用拉毛或充满肌理的墙面、红砖，再配以不同形式的盆栽，从而营造温馨自然的氛围。

四、城市别墅设计方法

1. 空间规划

空间规划是城市别墅设计的关键环节，合理规划空间可以提高别墅的使用功能和居住舒适度。在空间规划过程中，应根据别墅的具体情况，如居住人数、活动需求、生活习惯等，合理分配空间，确保别墅的实用性，如图 3-3-9 所示。

图 3-3-9 空间规划

2. 室内要素

室内要素设计是城市别墅设计的核心内容，它直接影响居住者的生活品质和审美体验，如图 3-3-10 所示。在室内要素设计过程中，应注意以下要点：

图 3-3-10 室内要素

① 色彩搭配。色彩应根据别墅的整体风格和居住者的喜好进行选择，同时要考虑到色彩对人心理和生理的影响。

② 家具布置。家具的款式和尺寸应依据空间的功能和居住者的需求进行选择，同时要注意家具和空间的适配度。

③ 灯光设计。灯光设计要充分考虑自然光和人工光的运用，使整个空间更加明亮、温馨，同时应注意灯具的选择。

④ 墙面处理。墙面处理应考虑质感、颜色和纹理，同时要与整个空间的风格相协调，与其他界面统一。

3. 外观设计

外观是城市别墅给人的第一印象，优秀的外观设计能够反映出城市别墅的价值和居住者的品位。在外观设计过程中，应注意以下要点：

① 外墙材料。外墙材料的选择应根据别墅的风格和周围环境进行确定，同时要考虑外墙材料的使用寿命和后期维修。

② 立面造型。别墅的造型应与周围环境相协调，同时要体现出别墅的特色和风格。

③ 风格设计。别墅的风格应与居住者的喜好和周围环境相符合。

4. 庭院布置

庭院是城市别墅的重要组成部分，优秀的庭院布置可以提高别墅的整体品质和生活质量。在庭院设计过程中，应注意以下要点：

① 用地规划。应根据别墅的大小和周围环境，合理规划庭院用地，确保庭院的实用性。

② 植物选择。植物种类应根据庭院的环境和气候条件进行选择，同时要考虑到植物的四季变化和生长速度。

③ 景观布置。景观布置应根据别墅的风格和周围环境进行选择，如山水景观、草坪景观、花坛景观等。

5. 环保性

环保节能是现代城市别墅设计的重要考虑因素，它直接影响居住者的健康和生活质量。在环保性设计过程中，应注意以下要点：

① 墙体设计。应采用合适的墙体材料，做好墙体保温，并确定保温方式（内保温或外保温）。

② 门窗设计。门窗应采用保温、隔热、隔音性能好的材料，同时要确保门窗的通风性和采光性。

③ 屋面设计。确定屋面形式（斜屋面或平屋面）以及屋面瓦选用的颜色。

④ 空调安装。空调应选择节能、环保型的设备，同时要合理设计空调的安装位置和管路系统，确保空调的制冷和制热效果。

⑤ 噪声控制。噪声控制应考虑周围环境的噪声影响，同时要合理设计城市别墅的隔音系统，确保居住者的生活品质。

6. 安全性

安全性是城市别墅设计的首要考虑因素，它直接关系到居住者的生命安全和财产安全。在安全性设计过程中，应注意以下要点：

① 结构布局。结构布局应合理设计，确保城市别墅的稳定性和抗震性能，同时要避免结构薄弱环节的出现。

② 防火设施。防火设施应完善，包括火灾报警系统、自动喷水灭火系统等，同时要合理设计防火通道和安全疏散设施。

③ 安全监控。安全监控系统应覆盖城市别墅的内外，包括视频监控、入侵报警等，以确保居住者的安全。

7. 实用性

实用性是城市别墅设计的关键考虑因素之一，它直接影响到居住者的日常生活和休闲体验。在实用性设计过程中，应注意以下要点：

① 空间利用。空间利用应合理，确保城市别墅的实用性和舒适性，同时要避免空间浪费和不合理分配。

② 家具布置。家具布置应符合居住者的生活习惯和审美需求，同时要考虑到家具的实用性和收纳功能。

③ 收纳设计。收纳设计应考虑到居住者的生活需求和习惯，合理规划收纳空间，同时要确保收纳空间的实用性和美观性。

五、城市别墅设计技巧

1. 注重整体性

整个空间的组合与布局应该紧密相连，组成一个完整的整体。在设计之前，需要考虑不同区域的功能、风格和色彩搭配，确保整个空间具有一致性。可以通过家具的选择、墙面的处理、灯光的调配等手段来实现整体性设计。

2. 注重连续性

应在室内和室外之间创造无缝连接，使得生活更加自然舒适。通过大面积玻璃门或开放式阳台，可以促进室内和室外之间的流动，同时也能增加室内的采光和通风效果。在室内和室外空间的设计上，还可以考虑采用相同或相似的材料和颜色，以创造一种连续性的视觉感受，提升空间感。

3. 注重隐私性

城市别墅及庭院设计时，应将个人生活的隐私考虑在内，即使是一个开放的花园，很多人也喜欢用绿色的植物环绕，创造一个相对私人的空间。在此过程中，应精心挑选适宜的植物，以免影响庭院照明和空气循环。

4. 注重细节性

细节是体现品质、质感的关键所在。例如，墙面、地面、顶棚的选择和处理需要注重细节，以满足居住者的个性和审美需求。在家具、窗帘和灯具等装饰品的选择上，也要精选优质材料，注重细节设计，以体现空间的高品质和时尚感，如图 3-3-11 所示。

5. 注重功能性

在空间设计上，不能只注重美观，还需要考虑实用性和功能性，尤其起居室、卧室和厨房等常用区域的设计应首要考虑其使用需求，如图 3-3-12 所示。

图 3-3-11　细节设计

图 3-3-12　功能性设计

6. 注重舒适性

舒适性是别墅设计的重点，也是实现生活品质提升的关键所在。在家具的选择上，需要注重人体工程学，以保证使用的舒适度和健康性，同时，也需要考虑到儿童和老年人等人群的需要。

7. 注重定位

对于城市别墅来说，庭院的定位至关重要。如果庭院在阴暗的一侧，那么其活动空间将受到限制，阳光不足会削弱一些休闲娱乐活动的舒适感。

8. 注重布局

院落布局与家庭成员密不可分，家庭成员的结构和个人偏好在很大程度上决定了院落的整体规划。从个人喜好出发，或喜欢品茶，或结识朋友，或喜欢花鸟鱼虫，都应成为设计考量的一部分。此外，如果别墅居民中有儿童和老年人，他们的喜好和习惯是不容忽视的。对于有孩子的家庭，最好不要在院子里建造深水池或危险的岩石；对于有老年人的家庭，要适当考虑其生活习惯，并设置适合家庭活动的场所。

9. 注重风格

庭院风格与整体风格应一致。例如，对于中式风格别墅，庭院设计为中国传统园林式更适合；如果是欧式风格别墅，则庭院设计成花园会更好；如果是现代简约风格别墅，庭院设计只要避免突兀及不合比例即可。此外，庭院配套装饰也会提升别墅的风格定位。

六、城市别墅设计注意事项

1. 空间的规划

在规划城市别墅的空间时，需要考虑到整个空间的实用性和美观性，通过合理的空间规划，可以使得空间显得更加宽敞。此外，应特别注意主人的个性化需求。

2. 色彩的搭配

不同的色彩可以产生不同的气氛和效果，在选择颜色时，需要考虑房间的风格、面积、采光等因素。同时，还应注意色彩的搭配，注意空间界面、家具陈设等颜色是否协调。

3. 材料的选择

装饰材料的选择是城市别墅设计的重要内容，不同的材料可以产生不同的效果。例如，石材更加豪华、高档，而瓷砖让人感到干净、整洁。在选择材料时，需要根据房间的风格进行搭配。此外，应注意考虑老年人、儿童等人群的使用习惯。

4. 灯光的设计

灯光不仅可以照明，还可以通过不同的亮度和色彩产生不同的效果。在灯光设计时，需要考虑房间的整体风格和氛围，同时，还需要注意灯光的布局是否符合使用者的需求，尤其是对灯光有特殊要求的使用者。

5. 家具的选用

家具的造型、材料、色彩等因素会对空间的风格产生直接影响。在选择家具时，需要根据别墅设计风格、主人喜好等方面合理搭配，如图 3-3-13 所示。

图 3-3-13　家具的选用

七、城市别墅智能家居设计

城市别墅智能系统包括智能照明系统、安防系统、电动窗帘系统、中央控制系统、可视对讲系统、家电控制系统、家庭影院系统、背景音乐系统、庭院灌溉系统等。下面介绍其具体设计技巧。

1. 智能摄像头

智能摄像头可智能旋转、远程调整监控角度、多方面监测家中紧急情况，一旦出现燃气泄漏、非法入室等情况，可以通过手机及时收到通知。此外，还可以通过手机与老年人或宠物进行语音通话。

2. 智能离家模式

业主出门后可能会担心门是否锁好、燃气是否关闭等问题，如果开启智能离家模式，即可关闭家中的电器，同时开启布防模式，传感和监控设备实时监测家中情况，以保障安全。

3. 智能回家模式

借助智能回家模式，回家之前可以提前打开空调调节好温度；智能门锁开启后，自动开启回家模式，热水器开始加热，窗帘和灯具陆续打开，能够提供方便舒适的居家环境。

4. 智能影音娱乐

可以通过语音或手机控制家中所有娱乐系统。例如，启动浪漫模式，家中灯光自动变暗，窗帘关闭，从而营造更有仪式感、浪漫感的氛围。

5. 智能灯光

城市别墅面积大、房间多，要求灯光的种类和控制方式更加复杂全面。全屋智能系统提供了主灯、灯带、射灯、筒灯等多种照明方式，能够一键调光，通过智能面板、语音控制、手机远程控制等方式，切换不同灯光，以营造不同的氛围。智能灯光还可以和背景音乐、家庭影院联动，例如，一键开启欢乐派对模式，让起居室灯光璀璨；想休息时，温暖的灯光渐暗缓灭，窗帘静静关闭，空调温度调至睡眠模式，能够提供人性化、智能化的住宅空间。

6. 智能窗帘

可以预设起床时间，定时启动背景音乐系统播放舒缓的起床曲，依次打开电动窗帘、室内照明灯、卫生间灯等，也可通过语音控制窗帘，或者手动拉动窗帘，其操作更加人性化和个性化。

7. 智能安防控制系统

厨房、浴室是容易存在安全隐患的空间。智能安防控制系统通过烟雾报警器、煤气泄漏传感器、水浸传感器等检测重点区域，在检测到可能要发生险情时，联动音乐播放器发出报警音，同时发送消息给业主，使其能够及时处理险情，以免造成危险。智能安防控制系统在门窗等关键区域安装摄像头、智能门锁和门窗传感器等，共同守护家庭安全。家中无人时，如果有人强行打开大门或窗户，业主会收到手机 App 实时通知，通过手机 App 可以随时随地监测家中情况。

八、城市别墅设计案例

城市别墅
设计案例

城市别墅设计实训

项目概况：

（1）A 户型项目概况

① 户型情况。本项目位于黑龙江省哈尔滨市松北区，为地上两层、地下一层别墅式住宅，带有一个车库和花园。

城市别墅　　城市别墅 A 户型
设计实训　　项目图纸

② 客户情况。客户为四口之家，男主人是作家，女主人经商，有两个孩子，大儿子 27 岁，是一名演员，小儿子 21 岁，是一名自由职业者。

③ 客户需求。男主人在家工作时间较多，客户希望有各自相对独立、自由的空间，不喜欢过于奢华的风格。

④ 客户预算。装修预算大约为 60 万元（包括家具、家电费用）。

（2）B 户型项目概况

① 户型情况。本项目位于黑龙江省哈尔滨市南岗区，为三层别墅式住宅，带有一个车库和庭院。

② 客户情况。客户为五口之家，男主人为石材公司老板，女主人为律师，有三个小孩，分别为 12 岁男孩、5 岁女孩和 2 岁男孩。

城市别墅 B 户型
项目图纸

③ 客户需求。雇佣住家保姆一人，家里亲戚经常来居住。客户喜欢欧式风格，想要新潮时尚的设计。

④ 客户预算。装修预算大约为 80 万元（包括家具、家电费用）。

实训目标：

① 具有职业责任感和人文审美观。

② 熟知室内设计相关规范、职业标准等。

③ 熟悉客户分析、场地调研的方法和流程。

④ 掌握设计风格、空间设计、界面设计的方法。

⑤ 掌握材料、色彩、照明、家具等要素的设计技巧。

⑥ 熟练掌握公共活动区、私密活动区、家务活动区、附属活动区的设计表现技巧。

⑦ 熟练掌握岗位工作流程内容及要求的应用。

实训内容：

（1）前期准备

对接客户，开展现场踏查与测量工作，绘制量房草图，收集信息，完成项目任务书。项目任务书可参考表 1-2-3。

（2）方案设计

① 确定设计方向。结合前期准备阶段成果，综合客户需求、场地实际情况进行设计风格与理念定位。

② 确定设计方案。将设计风格与理念定位贯穿于方案设计之中，确定解决技术问题的方案，如空间布局方案、功能分区方案、动线组织方案等界面设计、照明设计、色彩设计等内容，完成方案图纸绘制。

③ 收集主材及产品资料。结合需求遴选主材、家具和配饰产品。

（3）施工图设计

进行平面图、立面图、剖面图等施工图的绘制，依据制图标准和项目情况完成施工图设计。

实训要求：

设计图纸要求如表 3-3-1 所示。

表 3-3-1   设计图纸要求

序号	设计文件	相关要求	
1	量房成果	A3 尺寸量房草图及现场照片	
2	设计草图	包括一张手绘室内平面布局草图，一张手绘体现主题元素的色彩界面草图，附创意推导过程	
3	意向图	主色、衬色、补色的色标；重点空间的设计意向图或设计案例	
4	效果图	起居室、卧室、餐厅、庭院等主要空间的效果图，不少于 4 张	
5	施工图	封皮、目录及设计说明	包括工程概况、设计依据、设计思路和主材清单等
6		原始平面图	从给定的图纸中选一种户型，结合量房草图，用 AutoCAD 软件绘制原始平面图

续表

序号	设计文件		相关要求
7	施工图	平面布置图、地面铺装图、顶棚平面图等	包括空间尺寸、家具布置及主要家具名称、室内绿化与陈设等;地面材料规格、种类等;顶棚灯具布置、灯具名称、顶棚造型基本尺寸等
8		室内立面图	起居室、餐厅、厨房、主卧、书房、卫生间各主要墙面的立面图,标明尺寸及材质
9		剖面图、详图	绘制出平面图、顶棚图等需要进行特殊表达的部位,应标识剖切部位的装饰装修构造各组成部分之间的关系;注释建筑尺寸、构造及定位尺寸、详细造型尺寸;注释装饰材料的种类、图名比例等
10		庭院设计	绘制庭院平面布置图、地面铺装图,表明材质及规格

任务评价

实训评价标准如表3-3-2所示。

表3-3-2　　　　　　　　　　　　实训评价标准

序号	评价项目	评价内容		分值	评价标准
1	前期准备	项目任务书	前期调研充分,能够完成项目任务书编制,融入以人为本的设计理念	5分	各项内容每出现一处不完整、不准确、不得当处,扣0.5分,扣完为止
		量房成果	对场地内外环境进行勘测、踏查,能够详细记录现场状况,绘制空间基本尺寸、细部尺寸	5分	
2	方案设计	设计草图	整体功能布局合理、流线顺畅、图面整洁;制图标准、规范,画面整体效果得当,能初步表现设计创意;装饰界面设计与位置符合整体方案设计效果,符合设计元素及思路;推导过程准确表达设计创意、主题设计、创新亮点;整幅图纸构图合理,具有设计感,色调和谐,造型统一并富有变化	10分	布局功能出现明显错误,扣5分;各项内容每出现一处不完整、不准确、不得当处,扣0.5分,扣完为止
		主题配色、意向图	基于客户喜好,主题配色选择适宜,符合设计审美原则;意向图能够较好诠释设计理念及设计意图,且具有时代性和前沿性	5分	各项内容每出现一处不完整、不准确、不得当处,扣0.5分,扣完为止
		效果图	整体方案紧扣设计主题;模型创建完整、准确、精细,并与整体设计方案相对应;能在图中体现模块一中的设计元素及装饰图形,并将其表现在效果图中;能借助提供的贴图素材准确表现设计方案中所使用的材质;合理设置照明及灯光,效果图光线合理,曝光合适,清晰美观;空间形体的结构、转折关系明确,家具以及空间装饰的造型、轮廓、体量关系表达清晰;导出完整的、符合像素要求的效果图	20分	

续表

序号	评价项目	评价内容		分值	评价标准
3	施工图设计	封皮、目录及设计说明、主材清单	设计依据合理、符合规范表达要求；主题表现阐述清晰、准确，语言简洁；设计构思体现主题，设计逻辑清晰合理；设计创新亮点准确表达，与设计内容、形式相符；材料表列项包括序号、材料编号、材料名称、材料规格、防火等级、特征描述、使用部位、备注等内容；材料编号与材料名称对应且符合规范要求；材料规格准确且符合市场实际尺寸规格；材料防火等级正确且符合空间实际使用需求规范；材料使用部位描述准确、完整	5分	各项内容每出现一处不完整、不准确、不得当处，扣0.5分，扣完为止
		原始平面图	图幅、比例选择合理；尺寸、文字注释合适；家具陈设尺度合理，符合人体工程学要求；图签、索引表达准确；图层设置合理，线型比例合适，线宽输出符合制图标准	5分	
		平面布置图、地面铺装图、顶棚平面图等		10分	
		室内立面图	图幅、比例选择合理；尺寸、文字注释合适；界面设计合理，材料选用准确；图签、索引表达准确；图层设置合理，线型比例合适，线宽输出符合制图标准	10分	
		剖面图、详图	所绘设计内容及形式应与方案设计图相符；构造节点应能绘制出平面图、顶棚图等需要进行特殊表达的部位，应标识剖切部位的装饰装修构造各组成部分之间的关系；进行尺寸标注及注释，包括建筑尺寸、构造及定位尺寸、详细造型尺寸；注释装饰材料的种类、图名比例等；符号绘制准确，如轴线、标高符号等；图纸比例、图幅设置合理，符合制图规范；填充图例说明准确；图层设置合理，线型比例合适，线宽输出符合制图标准	10分	
		庭院设计	设计规划合理，符合项目情况；功能满足客户需求，风格协调统一；空间利用率高；实用、美观	5分	
4	基本素质	职业素养	能够按照进程完成项目任务，学习态度端正，能够主动探索专业知识及专业技能；能够严格遵守相关实习、实训纪律，规范作业，安全操作	5分	各项内容出现一处不完整、不准确、不得当处，扣1分，扣完为止
		团队协作	能够团队互助，协作完成工作任务，具有良好的沟通表达能力	5分	
总计				100分	

任务二 乡村别墅室内设计实训

● 学习目标

1. 素质目标：提高审美和人文素养，增强文化自信，具有绿色、生态、家居智能化等新理念；具备创新创业能力，具有建筑室内设计、施工技术、新材料及新工艺应用等方面的创新意识；具有工匠精神。

2. 知识目标：熟悉室内设计师的要求和居家文化的营造；熟悉水、电、信息、安保等技术设计；掌握乡村别墅的设计要点和技巧；熟练掌握业主接洽沟通、方案设计、施工图设计、后期服务等设计实务。

3. 能力目标：具有一定的观察能力和分析能力；能够熟练运用手绘、AutoCAD、3ds Max、Photoshop、酷家乐等方式进行项目设计表现。

● 教学重点

乡村别墅设计的要点和注意事项。

● 教学难点

乡村别墅的功能设计和风格设计。

● 任务导入

本任务包含 A、B 两个户型，A 户型为两层乡村别墅，B 项目为三层乡村别墅。分析乡村别墅项目的基本情况和客户情况，选择其中一个户型进行设计。应注意项目地理位置特点及周边情况，考虑客户的多样化需求，关注不同客户的特点，进行合理、准确的设计定位，按照岗位工作流程完成乡村别墅项目设计。

一、乡村别墅的概念

乡村别墅是指建在乡村地区的住宅，通常由一座独立的房屋组成，周围一般有花园、果园或其他自然景观，其建筑风格和装饰风格通常具有乡村特色。乡村别墅主要是为了满足人们对于田园生活的向往和追求，而不仅仅是为了住宅功能。

二、乡村别墅的特点

1. 功能多样

乡村别墅不仅具有住宅的功能，还有娱乐、休闲、养老等功能。乡村别墅可根据业主的需求和喜好，进行个性化的设计，如种植蔬菜水果、养殖家禽等区域，提高了空间利用率和生活品质。

2. 美观舒适

乡村别墅一般具有统一的风格和色彩，遵循美学原则和审美标准，并且与周围的自然环境和人文环境相协调，展现了一种高雅的品位和生活方式。乡村别墅周边环境如图3-3-14所示。

图3-3-14　乡村别墅周边环境

三、乡村别墅设计要点

1. 融合自然环境

乡村别墅设计应尊重自然、顺应自然，而不要破坏自然。建筑的形式、色彩、材质等应与周围的景观协调，避免过于突兀。住宅朝向、布局等应考虑光、风、温度等自然因素，使室内空间能够享受自然环境优势，同时能够有效节约能源。

2. 满足居住功能

乡村别墅设计应以人为本，根据居住者的需求和喜好规划空间。功能区域应合理划分，满足生活、休闲、娱乐等多方面的需求。空间尺度、比例、细节等应符合人体工程学和美学原则，使居住者能够感到舒适和美感。

3. 展现个性特色

乡村别墅设计应有自己的风格和特点，体现出居住者的品位和情感。可选择传统或现代、中式或西式、简约或复杂等设计风格，但应有自己的特色和创意。装饰设计可以运用一些具有地域文化或个人情感的元素，如图案、颜色、艺术品等，以增加别墅的内涵和魅力。

四、乡村别墅设计风格

1. 现代中式风格

现代中式风格突出现代元素，同时淡化传统元素，既能满足人们的审美需求，也能给人耳目一新的感觉。现代中式风格也是目前乡村别墅设计风格的首选。

现代中式风格乡村别墅设计考虑以人为本、因地制宜，强调空间的整体性以及风格的统一性。在功能布置上，依据中国人的生活习惯，杜绝华而不实，真正体现了宜居宜家的风格特点。

设计时，需要注意两个方面：一是功能区域的合理划分，应依据主人需求，考虑整个空间的使用功能是否合理；乡村别墅设计的重点包括卧室、起居室、卫生间和厨房等功能区域，玄关、书房等功能区域是否保留则依据用户的需求而定；空间界面可以通过涂料、石材、玻璃等建筑材料增强现代中式风格别墅休闲的居住环境，还可以结合生活需求加入一些功能区域，如走廊、小花园等。二是细节部分的装饰，局部细节设计不仅是彰显主人生活品位的关键，也是保证别墅风格统一的关键。

2. 欧式风格

欧式风格乡村别墅包括法式乡村风格、工匠风格等。设计时，应根据实际需求适当进行改变，以满足居住需求。法式乡村风格以柔和、淡雅的浅色调为主，如米色、米黄色、淡蓝色、淡紫色等，多采用木质材料，保留木材的自然纹理，注重实用性和舒适性。细节上运用法式廊柱、雕花、线条等，结合刺绣、流苏、饰带和壁炉、水晶吊灯、枝形烛台等传统装饰元素，以及花卉壁纸、手绘装饰、洗白处理等，营造出温馨而不失高雅的居住氛围。法式乡村风格别墅如图 3-3-15 所示。

欧式风格乡村别墅多采用开放式设计，空间结构体现轴线对称性和恢宏的气势，如精致的老虎窗、对称式壁面装饰等。设计中多运用花边、曲线、弧线等元素，以及鸢尾、云雀等具有欧式风情的图案，其家具讲究曲线和弧度，常采用手绘装饰和洗白处理，与整体风格相得益彰。

(a) 法式乡村风格别墅客厅　　　　　　　(b) 法式乡村风格别墅卧室

图 3-3-15　法式乡村风格别墅

3. 中式古典风格

中式古典风格别墅设计讲究幽静、雅观，给人心灵的安静与厚重之感，将中式元素巧妙融入现代房屋别墅的设计之中，能够突显出乡村别墅独特的民族特色。

中式古典风格是在室内布置、线形、色调及家具、陈设的造型等方面，吸取传统装饰的特征。另外，在中式风格里民族风是不可以缺少的，特别是在色调上，朱红、绛红等颜色大量应用。

4. 简约美式风格

乡村别墅一般面积较大，户型方正，比较适合美式风格的设计。美式别墅的外形比较简单，很多斜墙，开门见梯，一般年轻人比较青睐美式风格。

简约美式风格追求自然、舒适的氛围，家具多采用自然材料，如实木、棉麻布艺灯，注重实用性，强调功能与审美的结合，常融入一些复古和怀旧的元素，如仿古的墙面、地面、天花等。美式风格的色彩多以自然色调为主，如棕色、米白色、原木色、绿色等。美式风格的装饰非常重要，通过挂画、植物、铁艺等点缀空间。

五、乡村别墅设计技巧

1. 功能设计

乡村别墅设计应注意合适的空间格局，起居室、门厅大而不空，可以将屋顶和楼梯的造型结合考虑以提高空间内部的连贯性。别墅功能区域定位清晰准确，除常用的卧室、起居室、卫生间、厨房、餐厅等功能空间，还可以设计影音室、茶室等休闲娱乐空间，分别如图 3-3-16 和图 3-3-17 所示，从而丰富空间的多功能性，提高居住者的舒适性。

图 3-3-16　乡村别墅影音室　　　　图 3-3-17　乡村别墅茶室

2. 风格设计

乡村别墅设计时采用一种设计风格可能会略显单调，因此儿童房与主卧、休闲娱乐区域和其他区域可以选择不同风格混搭，色彩设计应主次分明，设计应突出重点，从而使空间更加丰富。如果想要打造亮点，可以从起居室背景墙的造型设计入手，复古的线条能够起到良好的点缀效果，或者运用干练流畅的线条使别墅显得整洁干净，打破单一风格设计的限制。

3. 水电设计

乡村别墅设计时还应注意水电的设计，其设计一定要足够合理。水电设计不仅要考虑材料，还要特别注意使用时是否方便。水电材料的选择应注意质量，不能因为价格问题而选择劣质材料，以免对后期使用造成隐患。

4. 庭院设计

乡村别墅庭院的设计风格应和别墅设计风格一致，从而保证整体协调统一。家庭成员数量决定了别墅庭院的布局方式。例如，对于有小孩的家庭，别墅庭院应该避免有深水和岩石等危险要素，应设置可以放玩具的草坪，种一些色彩艳丽的一二年生草花和球根花卉；对于有老年人的家庭，就需要考虑老年人在户外的休闲习惯，设置一些休闲桌椅、凉亭等。乡村别墅庭院的大小是其风格设计和布置的重要依据，面积较小的庭院适合简约风格；面积较大的庭院则应考虑大气方正的中式风格，栽培一定量的树木，并加上不同花草的装点，从而打造私人的庭院空间。

六、乡村别墅设计案例

图 3-3-18 所示为某乡村别墅设计案例。

(a) 起居室电视墙效果图

(b) 起居室效果图

(c) 玄关效果图

(d) 卫生间效果图

(e) 餐厅效果图

(f) 书房效果图

(g) 卧室效果图

图 3-3-18　某乡村别墅设计案例

乡村别墅设计实训

项目概况:

(1) A 户型项目概况

① 户型情况。本项目位于黑龙江省哈尔滨市呼兰区, A 户型为两层别墅式住宅, 带有两个车库和一个庭院。

② 客户情况。客户为退休老两口, 退休前女主人是小学教师, 男主人是企业职工, 有一个女儿在外地工作。

乡村别墅
设计实训

乡村别墅 A 户型
项目图纸

③ 客户需求。客户喜欢简单实用的设计, 想在庭院种一些菜, 女儿一家三口周末会带着孩子短暂居住。

④ 客户预算。装修预算大约为 35 万元 (包括家具、家电费用)。

(2) B 户型项目概况

① 户型情况。本项目位于黑龙江省大庆市龙凤区, B 户型为三层别墅式住宅, 带有两个车库和一个庭院, 有一个室内泳池。

② 客户情况。客户为三世同堂, 共 7 口人, 男主人 37 岁, 女主人 35 岁, 均在私企工作, 有一个 6 岁的女儿和一个 2 岁的儿子, 父母和弟弟也共同居住。

乡村别墅 B 户型
项目图纸

③ 客户需求。客户喜欢中式风格, 要求设计能够满足家庭成员的各自需求。

④ 客户预算。装修预算大约为 45 万元 (包括家具、家电费用)。

实训目标：

① 自觉传承中华优秀传统文化，并将其融入设计作品。

② 倡导节能环保、创新设计理念。

③ 熟悉别墅空间设计的程序。

④ 有突出、明确的设计主题，创造风格统一、空间和谐的氛围。

⑤ 掌握空间划分、尺度要求等要素设计。

⑥ 熟练掌握公共活动区、私密活动区、家务活动区、附属活动区的设计技巧。

⑦ 培养与客户交流沟通能力及团队协作精神。

实训内容：

（1）前期准备

对接客户，开展现场踏查与测量工作，绘制量房草图，收集信息，完成项目任务书。项目任务书可参考表 1-2-3。

（2）方案设计

① 确定设计方向。结合前期准备阶段成果，综合客户需求、场地实际情况进行设计风格与理念定位。

② 确定设计方案。通过手绘形式将设计方案以意向草图方式进行表现，考虑空间规划布局、功能分区设计、动线设计、界面设计、色彩设计等内容。

③ 设计说明。包括设计创意、装饰材料、家具陈设等方面。

（3）施工图设计

进行平面图、立面图、剖面图等施工图的绘制，依据制图标准和项目情况完成施工图设计。

实训要求：

设计图纸要求如表 3-3-3 所示。

表 3-3-3　　　　　　　　　　　　　　设计图纸要求

序号	设计文件		相关要求
1	量房成果		A3 尺寸量房草图及现场照片
2	设计草图		包括一张手绘室内平面布局草图，一张手绘体现主题元素的色彩界面草图，附创意推导过程
3	意向图		主色、衬色、补色的色标；重点空间的设计意向图或设计案例
4	效果图		起居室、卧室、餐厅、庭院等主要空间的效果图，不少于 4 张
5	施工图	封皮、目录及设计说明	包括工程概况、设计依据、设计思路和主材清单等
6		原始平面图	从给定的图纸中选一种户型，结合量房草图，用 AutoCAD 软件绘制原始平面图
7		平面布置图、地面铺装图、顶棚平面图等	包括空间尺寸、家具布置及主要家具名称、室内绿化与陈设等；地面材料规格、种类等；顶棚灯具布置、灯具名称、顶棚造型基本尺寸等

续表

序号	设计文件		相关要求
8	施工图	室内立面图	起居室、餐厅、厨房、主卧、书房、卫生间各主要墙面的立面图,标明尺寸及材质
9		剖面图、详图	绘制出平面图、顶棚图等需要进行特殊表达的部位,应标识剖切部位的装饰装修构造各组成部分之间的关系;注释建筑尺寸、构造及定位尺寸、详细造型尺寸;注释装饰材料的种类、图名比例等
10		庭院设计	绘制庭院平面布置图、地面铺装图,表明材质及规格

任务评价

实训评价标准如表 3-3-4 所示。

表 3-3-4　　　　　　　　　实训评价标准

序号	评价项目		评价内容	分值	评价标准
1	前期准备	项目任务书	前期调研充分,能够完成项目任务书编制,融入以人为本的设计理念	5分	各项内容每出现一处不完整、不准确、不得当处,扣 0.5 分,扣完为止
		量房成果	对场地内外环境进行勘测、踏查,能够详细记录现场状况,绘制空间基本尺寸、细部尺寸	5分	
2	方案设计	设计草图	整体功能布局合理,流线顺畅、图面整洁;制图标准、规范,画面整体效果得当,能初步表现设计创意;装饰界面设计与位置符合整体方案设计效果,符合设计元素及思路;推导过程准确表达设计创意、主题设计、创新亮点;整幅图纸构图合理、具有设计感,色调和谐,造型统一并富有变化	10分	布局功能出现明显错误,扣 5 分;各项内容每出现一处不完整、不准确、不得当处,扣 0.5 分,扣完为止
		主题配色、意向图	基于客户喜好,主题配色选择适宜,符合设计审美原则;意向图能够较好诠释设计理念及设计意图,且具有时代性和前沿性	5分	各项内容每出现一处不完整、不准确、不得当处,扣 0.5 分,扣完为止
		效果图	整体方案紧扣设计主题;模型创建完整、准确、精细,并与整体设计方案相对应;能在图中体现模块一中的设计元素及装饰图形,并将其表现在效果图中;能借助提供的贴图素材准确表现设计方案中所使用的材质;合理设置照明及灯光,效果图光线合理,曝光合适,清晰美观;空间形体的结构、转折关系明确,家具以及空间装饰的造型、轮廓、体量关系表达清晰;导出完整的、符合像素要求的效果图	20分	

续表

序号	评价项目	评价内容		分值	评价标准
3	施工图设计	封皮、目录及设计说明、主材清单	设计依据合理、符合规范表达要求;主题表现阐述清晰、准确,语言简洁;设计构思体现主题,设计逻辑清晰合理;设计创新亮点准确表达,与设计内容、形式相符;材料表列项包括序号、材料编号、材料名称、材料规格、防火等级、特征描述、使用部位、备注等内容;材料编号与材料名称对应且符合规范要求;材料规格准确且符合市场实际尺寸规格;材料防火等级正确且符合空间实际使用需求规范;材料使用部位描述准确、完整	5分	各项内容每出现一处不完整、不准确、不得当处,扣0.5分,扣完为止
		原始平面图	图幅、比例选择合理;尺寸、文字注释合适;家具陈设尺度合理,符合人体工程学要求;图签、索引表达准确;图层设置合理,线型比例合适,线宽输出符合制图标准	5分	
		平面布置图、地面铺装图、顶棚平面图等		10分	
		室内立面图	图幅、比例选择合理;尺寸、文字注释合适;界面设计合理,材料选用准确;图签、索引表达准确;图层设置合理,线型比例合适,线宽输出符合制图标准	10分	
		剖面图、详图	所绘设计内容及形式应与方案设计图相符;构造节点应能绘制出平面图、顶棚图等需要进行特殊表达的部位,应标识剖切部位的装饰装修构造各组成部分之间的关系;进行尺寸标注及注释,包括建筑尺寸、构造及定位尺寸、详细造型尺寸;注释装饰材料的种类、图名比例等;符号绘制准确,如轴线、标高符号等;图纸比例、图幅设置合理,符合制图规范;填充图例说明准确;图层设置合理,线型比例合适,线宽输出符合制图标准	10分	
		庭院设计	设计规划合理,符合项目情况;功能满足客户需求,风格协调统一;空间利用率高;实用、美观	5分	
4	基本素质	职业素养	能够按照进程完成项目任务,学习态度端正,能够主动探索专业知识及专业技能;能够严格遵守相关实习、实训纪律,规范作业,安全操作	5分	各项内容每出现一处不完整、不准确、不得当处,扣1分,扣完为止
		团队协作	能够团队互助,协作完成工作任务,具有良好的沟通表达能力	5分	
总计				100分	

参 考 文 献

［1］ 张雪，吴文达. 居住空间设计［M］. 北京：北京理工大学出版社，2021.

［2］ 谢晶，朱芸. 住宅空间设计［M］. 北京：北京理工大学出版社，2019.

［3］ 李梦玲. 居住空间设计［M］. 北京：清华大学出版社，2018.

［4］ 张月. 室内人体工程学［M］. 4 版. 北京：中国建筑工业出版社，2021.

［5］ 叶斌，叶猛. 设计理想的家：现代家居轻图典［M］. 福州：福建科学技术出版社，2019.

［6］ 马澜. 居住空间设计［M］. 北京：人民邮电出版社，2017.

［7］ 高光. 居住空间室内设计［M］. 北京：化学工业出版社，2014.

［8］ 叶森，王宇. 居住空间设计［M］. 北京：化学工业出版社，2017.

［9］ 周维权. 中国古典园林史［M］. 3 版. 北京：清华大学出版社，2008.

［10］ 中华人民共和国人力资源和社会保障部，中华人民共和国住房和城乡建设部. 室内装饰设计师国家职业标准（2023 年版）：CZB 4—08—08—07［S］. 北京：中国劳动社会保障出版社，2023.

［11］ 中华人民共和国住房和城乡建设部. 房屋建筑制图统一标准：GB/T 50001—2017［S］. 北京：中国建筑工业出版社，2018.

［12］ 中华人民共和国住房和城乡建设部. 建筑内部装修设计防火规范：GB 50222—2017［S］. 北京：中国计划出版社，2018.

［13］ 中华人民共和国住房和城乡建设部. 房屋建筑室内装饰装修制图标准：JGJ/T 244—2011［S］. 北京：中国建筑工业出版社，2012.